品味北京名果

——林果乡土专家果品采摘手册

张洪 主编

中国建筑工业出版社

图书在版编目（CIP）数据

品味北京名果——林果乡土专家果品采摘手册/张洪主编. —北京：中国建筑工业出版社，2010.6
ISBN 978-7-112-12141-0

Ⅰ.①品… Ⅱ.①张… Ⅲ.①水果－收获－北京市－手册 Ⅳ.①S660.9-62

中国版本图书馆CIP数据核字（2010）第095259号

责任编辑：彭　放　郑淮兵
责任设计：张　虹
责任校对：刘　钰

品味北京名果——林果乡土专家果品采摘手册
张洪　主编
*
中国建筑工业出版社出版、发行（北京西郊百万庄）
各地新华书店、建筑书店经销
北京图文天地制版印刷有限公司制版
北京中科印刷有限公司印刷
*
开本：889×1194毫米　1/32　印张：5½　插页：1　字数：200千字
2010年8月第一版　2010年8月第一次印刷
定价：29.00元
ISBN 978-7-112-12141-0
(19382)

编委会主任：徐　佳

编委会副主任：施　海　王连军

主　　编：张　洪

副 主 编：张俊民　孙鲁杰

编写人员（按姓氏笔画排序）

于　洋　王启旭　王贤赟　刘德双　孙鲁杰

闫凤姣　闫桂忠　张　洪　张俊民　李九仁

李有俊　李铁凤　郑　波　段树生　高宝宽

高燕荣　彭　薇　蒋瑞山　潘　彧

目录

A 东城区 （街道）
B 西城区 （街道）
C 宣武区 （街道）
D 崇文区 （街道）
E 海淀区
F 朝阳区 （街道）
G 丰台区
H 石景山区

1 （街道）
2 大屯地区 大屯乡
3 奥运村地区 奥运村乡
4 来广营地区 来广营乡
5 崔各庄地区 崔各庄乡
6 南磨房地区 南磨房乡
7 孙河地区 孙河乡
8 太阳宫地区 太阳宫乡
9 东风地区 东风乡
10 将台地区 将台乡
11 十八里店地区 十八里店乡
12 金盏地区 金盏乡
13 东坝地区 东坝乡
14 小红门地区 小红门乡
15 平房地区 平房乡
16 高碑店地区 高碑店乡
17 三间房地区 三间房乡
18 长营地区 长营乡
19 管庄地区 管庄乡
20 黑庄户地区 黑庄户乡
21 豆各庄地区 豆各庄乡
22 王四营地区 王四营乡

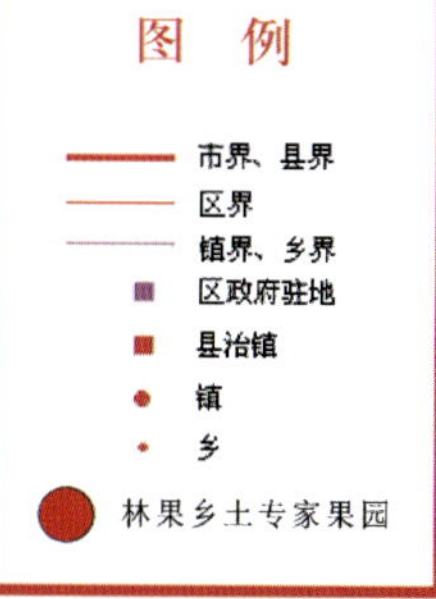

概说

一提起北京的名果，人们马上就会想到门头沟的京白梨、香白杏，房山的磨盘柿，密云的金丝小枣、黄土坎鸭梨，朝阳的郎家园脆枣等。这些名果大家都耳熟能详、如数家珍。除此以外，近些年北京引进的大久保桃、红富士苹果、玫瑰香葡萄等名果也备受人们的青睐。

北京的果树栽培已有上千年的历史，发展到如今果树面积达246.6万亩，主要树种有苹果、梨、桃、葡萄、枣、杏、柿、李、樱桃、板栗、山楂、核桃、桑椹等13个树种，上千个品种。2008年全北京果品产量达到91万吨，果品直接收入28亿元，从业果农30万户，户均果品收入9300元。

在北京的名优果品中，桃是最令北京人骄傲的。北京的桃以其品种繁多、果实艳丽、口味香甜、绿色健康而引得世人瞩目。本地农家品种、引进品种、自育品种多达49种，本地品种有五月鲜、大叶白、萝卜桃等，引入品种有白凤、大久保、岗山白、桔早生、离核水蜜、小林、新端阳等，自育品种有庆丰、京红、秋红等。北京桃形成了自育品种多、更新快，栽培管理经验丰富、技术创新力度大两大特点。新主产区平谷现已种植22万多亩，被农业部、国家林业局命名为“中国桃乡”。

北京的葡萄园广泛分布于各个区县，传统的葡萄栽植在朝阳、海淀、丰台、石景山等近郊区。随着城市的发展，近郊的葡萄种植面积越来越小，而远郊区的栽培产地迅速发展起来，代表性的有延庆的张山营、通州的张家湾、大兴的采育和顺义的大孙各庄。现如今，北京的葡萄品种不再单调，本地的、引进的、自育的多达46种。马奶子的晶莹，玫瑰香的富贵，巨丰的硕大，还有许多叫不上名的，甜的酸的，圆的长的，无论是谁，置身于采摘园中，都能找到属于自己的葡萄。

梨是北京的大宗果品，种类多样，大众喜爱，产量仅次于苹果和桃，主要分布在大兴、房山境内永定河沿岸的冲积沙地，平谷、密云、怀柔、昌平境内的燕山和军都山脉的浅山丘陵岗地、砾质沙地及太行山脉的门头沟浅山区。各产区梨的风味各异，如密云黄土坎的鸭梨，平谷镇罗营的蜜梨、砖瓦窑的红宵梨，大兴定福庄的鸭梨、鸭广梨，门头沟的京白梨等都独具特色，成为著名特产。

老少皆宜四季鲜的苹果是北京传统名果。北京引进和栽培苹果是在20世纪初期，经过近百年的发展，已形成了大面积的生产基地，主要分布在昌平、顺义、延庆、密云，房山和平谷次之。北京现在主要发展的品种有工藤富士、长富2号、新乔纳金、王林、皇家嘎拉、首红、红王将、陆奥、桑沙等优良品种。功夫不负有心人，北京的苹果赢得了世界性的声誉。到北京考察的国内外专家异口同声地称赞北京红富士苹果的品质和管理达到国际先进水平。

柿子寓意团团圆圆兆吉祥，北京栽培柿树历史悠久，从行政区划来看，北京所有区县都有柿树分布（包括城区和近郊），但主要分布于房山、平谷和昌平三个区，其次是门头沟、怀柔、密云等区县。近年来，国内外有关专家、学者都公认磨盘柿是目前世界上最优良的涩柿品种，而该品种非常适宜北京地区的自然条件，其中房山的磨盘柿最为突出。2001年国家林业局命名房山区为“中国磨盘柿之乡”，同年秋，房山磨盘柿被中国果品流通协会评为“中华名果”。2003年，国家工商管理局通过了“房山磨盘柿”具有地方特色的注册商标。

北京是古代枣树栽培中心之一，一些品种已有千年以上的历史，如白枣、酸枣、无核枣及葫芦枣等，在《尔雅》中多有提及；而著名的密云小枣、牙枣和匾枣等，在元代的《打枣谱》和《析津志》中也曾有记载；北京特产的缨络枣和脆枣，分别在《广群芳谱》和《农政全书》中有评述。北京有62%的山区，发展枣树可兼收良好的生态和经济效益，实现改善首都环境和农民致富的协调统一。毫无疑问，在今后相当长一段时间内，我国仍将是世界上最大的枣生产国和唯一的枣产品出口国，北京的一些独特品种必将在国内外市场上大放异彩。

提起北京的名杏，当属平谷区北寨红杏，香甜可口。北京地区杏栽培历史悠久，形成了众多名特优品种，包括城区在内的北京所有区县都有杏树分布。杏分为山杏和栽培杏，栽培杏可分为鲜食加工杏和仁用杏，不同杏的分布范围也不同。鲜食杏栽培面积超过3000亩以上的区县依次为怀柔、昌平、房山、延庆、平谷、密云、大兴和海淀，仁用杏主要分布区依次为延庆、怀柔、密云、门头沟、房山和昌平；山杏主要分布区县依次为延庆、怀柔、密云、昌平、房山、门头沟和平谷。

樱桃作为北京第一枝的春果，其发展规模在20世纪末出现小高潮。前几年北京栽培的大多是红灯、红艳、红蜜、那翁、大紫等几个老品种，而近两年新品种如美红、雷尼、玉泉大红、不拉、佳红、巨红等翻着番儿地出现在北京市民面前，这其中有国人自己选育的，也有外来引进的。目前北京主栽品种中，早熟的红灯品种，大约在5月下旬就可采摘；晚熟的先锋、艳阳等品种可持续采摘到6月中旬；喜欢纯甜口味，首选品种当是红蜜；喜欢漂亮大果或是要用来送人的要等到6月上中旬去采摘晚熟品种。

北京板栗属中国栗中一类非常特殊的群体。中国栗中，北京板栗所属的群体又是佼佼者，在国内外市场上一直赫赫有名的“燕山栗”、“京东板栗”、“天津甘栗”、“良乡栗子”等，指的就是北京和河北北部的燕山山脉南麓，长城沿线海拔300～400米的沟谷中出产的板栗。北京板栗好吃自古有名，最早的评价

来自三国陆玑，他在《毛诗草木鸟兽虫鱼疏》中称“五方皆有栗，唯渔阳、范阳栗，甜美味长，他方者悉不及也”。渔阳、范阳是指现在北京怀柔、密云和平谷一带。

享有延年益寿“万岁子”美誉的核桃，在北京已有800多年的栽培历史，主要分布在七个山区县，目前以房山区、平谷区和门头沟区的产量最多，品种以薄皮核桃为最佳代表。核桃坚果与核桃仁自清代起就是我国重要的出口商品，在国际市场上享有盛誉。

随着人民生活水平的提高，大家亦越来越重视果品与身体健康的关系，非常注重不同果品的营养疗效和搭配。

据研究，目前世界排名前10位的对人们健康有明显疗效的水果，依次是苹果、杏、香蕉、黑莓、蓝莓、甜瓜、樱桃、越橘、葡萄柚和紫葡萄。颜色各异的水果各有其不同的功能，橘黄色水果含有天然抗氧化剂β胡萝卜素——防止病毒活性最有效的成分，能提高机体的免疫功能，如柠檬、芒果、木瓜、柿子、菠萝、橘子等；红色水果含类胡萝卜素，有抗氧化作用，能清除自由基，抑制癌细胞形成，提高人体免疫力，如番茄、石榴等；紫黑色水果含有原花青素，能消除眼睛疲劳，如葡萄、黑莓、蓝莓和李子等；绿色水果含叶黄素和玉米黄素，能使视网膜免遭损伤，具有保护视力的作用，如青苹果等。另外当人体有疾病时吃水果也要科学，患贫血症时应多食枣、苹果、葡萄、橘子、番茄、草莓、樱桃等；胆固醇过高时多食山竹、核桃等；高血压症应多食葡萄、橘子、番茄、苹果、核桃、酪梨、香蕉、西瓜、柿子、梨子、桃子等；心脏病以多食苹果、核桃、酪梨、香蕉、西瓜、梨子、菠萝、奇异果等为宜。不同体质的人应该选用不同的水果，如寒性体质的人适合吃温性水果，如桂圆、荔枝、芒果、木瓜、樱桃等。热性体质的人不宜吃热性水果，适宜吃草莓、梨、橘子、甜瓜、猕猴桃、香蕉等水果。体质虚弱的人不宜吃寒性与排毒性水果，适合吃一些滋补性偏温偏热性的水果，如苹果、桂圆、红枣、葡萄之类。实性体质的人，适合吃排毒性水果，如桃子、柠檬、橙子、猕猴桃、苹果、木瓜等。

食用水果还要讲究科学吃法，一般水果的食用量为每人每天100～200克左右，食用时间应于两餐之间时食用为好。柿子、香蕉、橘子、山楂、西红柿、甘蔗、鲜荔枝等七种水果，不能空腹吃。

考虑水果的安全性，需要弄清目前大家关心的三个概念：无公害食品、绿色食品、有机食品。

无公害食品是指产地生态环境清洁，按照特定的技术操作规程生产，将有害物含量控制在规定标准内，并由授权部门审定批准，允许使用无公害标志的食品。

绿色食品分为A级和AA级两种。其中A级绿色食品生产中允许限量使用化学合成生产资料，AA级绿色食品则较为严格地要求在生产过程中不使用化学合成的肥料、农药、兽药、饲料添加剂、食品添加剂和其他有害于环境和健康的物质。从本质上讲，绿色食品是从普通食品向有机食品发展的一种过渡性产品。国际有机农业运动联合会（IFOAM）给有机食品下的定义是：根据有机食品种植标准和生产加工技术规范而生产的、经过有机食品颁证组织认证并颁发证书的一切食品和农产品。环境保护部有机食品发展中心（OFDC）认证标准中有机食品的定义是：来自于有机农业生产体系，根据有机认证标准生产、加工，并经独立的有机食品认证机构认证的农产品及其加工品等。

有机食品与无公害食品和绿色食品的最显著差别是：第一，前者在其生产和加工过程中绝对禁止使用农药、化肥、除草剂、合成色素、激素等人工合成物质，并且不允许使用基因工程技术；后者则允许有限制地使用这些物质，并且不禁止使用基因工程技术。如绿色食品对基因工程技术和辐射技术的使用就未作规定。第二，有机食品在土地生产转型方面有严格规定。考虑到某些物质在环境中会残留相当一段时间，土地从生产其他食品到生产有机食品需要两到三年的转换期，而生产绿色食品和无公害食品则没有转换期的要求。第三，有机食品在数量上进行严格控制，要求定地块、定产量，生产其他食品没有如此严格的要求。

无公害是食品的一种基本要求，普通食品都应达到这一要求。绿色食品跨接在无公害食品和有机食品之间，有机食品是质量更高的绿色食品。总之，生产有机食品比生产其他食品难度要大，需要建立全新的生产体系和监控体系，采用相应的病虫害防治、地力保持、种子培育、产品加工和储存等替代技术。

2007年，北京市园林绿化局、市科委、市农委与市科协联合推出了“北京市林果乡土专家行动计划”，就是要培养来自果农、植根果农、服务果农的林果乡土专家，辐射带动更多果农学技术、用技术、传播技术，从根本上扭转林业技术人员短缺的现状。“林果乡土专家”培训对象的选择原则上以各区县长期从事苹果、梨、葡萄、桃、樱桃、杏、核桃、板栗、枣、柿子生产的重点种植大户及一些农民合作组织为主。该种植大户要求为有初中或初中以上学历，示范园种植面积达到10亩以上，在本地区有一定影响力的果农。他们经营的果园大部分取得有机认证或奥运果品认证。

“北京市林果乡土专家行动计划”的指导思想是通过“农民进城培训、专家进村指导、热线电话咨询、网络解惑答疑、观摩交流座谈”等方式培养一批懂技术、会管理、善经营、能辐射带动周边更多果农的技术能手，即当地不走的林果乡土专家，实现广大果农共同致富。其行动目标是通过林果乡土专家行动计划活动的实

施，实现“县县有示范、乡乡有专家、村村有能手”的初级目标，最终实现组建百个以林果乡土专家为核心的林果技术服务队，开展技术输出、有偿服务，全方位服务于果农。

北京果品生产实施精品战略，一直是北京果树产业发展的总体目标。北京已成为国际化大都市，有对高档、精品、特色、安全果品需求的巨大市场，消费群体庞大，层次不同。北京有生产高档、精品、特色果品的自然条件、技术保障和资金投入能力，因而要实施精品战略，在满足市民对高档果品的需求的同时，让农民获得更大的收益。林果乡土专家就是广大果农的代表，他们种植的或担任技术指导的果园就是精品果园，就是精品采摘园。这些精品果园都是通过有机或绿色生产的果品，安全、环保，可以说是科技染绿北京市民的餐桌。基于此，目前大部分北京市民非常愿意到京郊各个精品果园亲身采摘。

为了更好地帮助广大市民充分掌握北京各个精品果园，方便市民进行果品采摘，我们编写了《品味北京名果——林果乡土专家果品采摘手册》。该手册收录了全市13个区县的248个林果乡土专家的果园，并对其进行了翔实的介绍，包括主栽树种、采摘时间、联系人、联系电话、乘车和自驾车路线。

真诚欢迎广大市民到京郊观光采摘，品味北京名果！

朝阳区 果树与旅游资源简介

朝阳区位于北京市的东部，是北京近郊区中面积最大的一个区。悠久的历史给朝阳大地留下了许多历史古迹，有华北最大的道观东岳庙、京城名胜五坛之一的日坛、元大都现存遗址最长处北土城等等。新中国成立以后，朝阳人民用自己勤劳的双手新建了一批风格各异的新景点，全国第一座以红领巾命名的公园红领巾公园，北京市10大人工湖之一——美丽的团结湖公园，占地320万平方米的综合性、现代化、多功能的朝阳公园， 规模宏大、充满现代化气息的奥林匹克森林公园。这些景点每年都吸引着数以10万计的中外游客前来观光、旅游。

朝阳区果品生产紧紧围绕抓精品、抓特色、抓效益的理念，使其得到很大发展，果树面积达9823.55亩，2008年总产量277.96万公斤，年产值756万元，增加农民就业1600人，逐步形成了一批具有一定规模的集旅游、观光休闲为一体的都市型果园。2008年朝阳区各观光果园共接待观光采摘者5000人次，采摘果品1.5万公斤，采摘收入50万元，促销量50万公斤。

九大公园环建设及京城高速路都市型农业走廊建设为朝阳区果树生产奠定了基础，京城梨园，崔各庄全美樱桃园，绿风碧野农庄等是集餐饮、娱乐、休闲采摘、垂钓于一体的综合观光园，中农春雨高科技精品园等为农民带来更好的经济效益，也为市民提供一个休闲娱乐的好去处。

欢迎您到朝阳来做客！

朝阳区林果乡土专家果园分布图

序号	姓名	所在区县、镇村	果园名称
1	侯连山	朝阳区崔各庄乡奶东村	全美樱桃生态园
2	刘宝全	朝阳区金盏乡东窑村东	北京绿风碧野农庄
3	刘洪刚	朝阳区孙河乡黄港村	孙河乡郎家园枣观光园
4	徐岭勇	朝阳区金盏乡皮村	中农春雨高科技股份有限公司

全美樱桃生态园

樱桃生态园位于朝阳区崔各庄乡奶东村，距北京市区仅20公里，毗邻首都国际机场，交通十分便利。园区种植樱桃300亩，有红灯、美早等20多个品种。2009年是果园进入有机转换的第二年。

果园选送的樱桃在2008年北京市樱桃王擂台赛上获二等奖。果园在连续两次的京承都市农业走廊建设评比中名列前茅，受到好评，并且建立朝阳首家农业科普教育基地。

园区集田园自然风光与社会人文景观于一体，具有视野开阔、清静幽雅、空气清新、果香宜人、娴静自然、参与体验、医疗保健等诸多特点，可较好地满足人们对观光旅游休闲度假的多样化、个性化需求。

采摘时间：　5月20日—6月20日
联系人：　侯连山
联系电话：　64317159　13801065097
乘车路线：　京顺路915、916、918孙河车站下车往西2公里。
自驾车路线：　京顺路孙河车站往西，京承高速黄港出口往西后往南。

北京绿风碧野农庄

北京绿风碧野农庄建于2000年，坐落在景色优美的温榆河畔朝阳区金盏乡东窑村东，占地60亩，种植有樱桃、桃、李子、梨、杏等树种的名特优新品种40余个。果园的红岗山桃和黑宝石李入选2008奥运特供果品。

农庄备有8亩的鱼塘可供垂钓，另外还建有餐厅、休息室、娱乐大厅满足休闲娱乐的需求。

采摘时间：　6月15日—10月15日
联系人：　刘宝全
联系电话：　84390280　84390281
乘车路线：　350路沿线转乘983路东窑村总站下车。
306路沿线转乘983路东窑村总站下车。
989路沿线转乘983路东窑村总站下车。
自驾车路线：　机场第二高速金盏、东窑出口向东1.5公里。

孙河乡郎家园枣观光园

孙河乡郎家园枣观光园位于朝阳区孙河乡黄港村、上、下辛堡村南绿化隔离地区内，西靠京承高速路，北有顺黄路，交通极为便利。土地属集体所有，2003年完成栽植任务，总面积2600亩。园区交通便利，周边主干道有京承高速路、首都机场高速路和京顺路，距离市区仅15分钟车程。生态园主要从事高科技优质农产品研发、种植生产、加工贮藏销售、农业观光休闲体验及餐饮服务等。

自2003年建园以来，园区先后取得了农业标准化生产基地、无公害农产品、北京市观光采摘定点果园、2008奥运会推荐果品等荣誉。观光园诚挚欢迎广大新老朋友前来考察、指导、洽谈业务。

采摘时间： 9月

联系人： 刘洪刚

联系电话： 84791760

乘车路线： 公交696、939路到上辛堡村下车，向南300米即到。

自驾车路线： 京承高速黄港出口下来，向黄港方向1000米至上辛堡村见路边指路牌，右转300米；
机场南线黄港出口下来，见路边指路牌，园区位于高速南面300米；
京顺路到顺黄路出口向西至上辛堡村，见路边指路牌，左转300米。

中农春雨高科技股份有限公司

中农春雨高科技股份有限公司创始于1998年，为北京中关村科技园区登记注册的农业高新技术企业，拥有自营进出口经营权。公司主要在生物技术、园艺、农学、植保、园林、农业机械、农产品加工及农业观光旅游等方面为客户提供名优产品、技术咨询、技术培训等服务。公司已于2005年1月通过ISO9000国际质量体系和ISO14000国际环境体系认证，于2005年6月通过中国有机食品认证。

中农春雨朝阳基地建于2000年4月，坐落于朝阳区金盏乡皮村，占地300亩，建有樱桃园、桃园、杏园、葡萄园、梨园、枣园、苹果园等九大园区，收集品种四百余个。5月上旬—11月上旬，月月皆可尝到鲜果，是休闲、观光、采摘的好场所。基地多年来不断地引进日本、美国、法国、新西兰、澳大利亚等地的优良品种，并且拥有强大的科技服务队伍，保证技术服务到位。中农春雨高科技股份有限公司董事长时光春先生携全体员工，诚挚欢迎广大新老朋友到本基地前

来考察、指导、洽谈业务。

采摘时间： 5月上旬—11月上旬

联系人： 徐岭勇

联系电话： 84332209

乘车路线： 四惠至马坡989路到皮村下车；北京站至黎各庄639路到皮村下车向东300米。

自驾车路线： 机场二通道楼梓庄出口向东4公里。

梨

樱桃

苹果

冬枣

无核葡萄

杏

2 海淀区
果树与旅游资源简介

海淀区现有果树面积4万余亩。樱桃作为主要树种，种植面积已达万余亩，2009年产量850吨，产值2800余万元，其中采摘收入1430万元；冬枣8000多亩，年产量超过了100万斤。近年来引进了蓝莓等新型果品种，通过改接恢复了部分名优传统枣树品种，丰富了种植的树种品种。

海淀地处北京近郊，古迹众多、风景秀美，发展观光休闲农业条件得天独厚。海淀区各级政府历来注重发展乡村旅游和观光农业，形成了一批各具特色的观光园区。如四季青镇充分发挥地理位置优越、交通便利等特点，发掘和提升了旱河路“一河十园”各自的特色：或以采摘为主、或以科普为主、或以娱乐为主。苏家坨镇地处大西山风景区沿线，是看乡村景、吃农家饭、住农家院的好去处。上庄镇围绕上庄水库，完善滨河景观路，发展周边观光采摘、休闲垂钓、餐饮接待及曹氏风筝等旅游商品制作销售的旅游观光业。西北旺镇沿京包路重点建设“四时田园”观光采摘园，发展冬枣等果品采摘。温泉镇利用南山秀美风景，发展樱桃及精品蔬菜种植，修建曹雪芹小道，丰富乡村旅游文化内涵。海淀乡也充分发挥自身优势，建设西洼生态园，吸引市民观光、采摘和旅游。

“四季青”樱桃、“百旺”冬枣、“知春”果品、“上庄”牌食用菌、“淀玉”京西稻和玉米、“稻香湖”大米已成为海淀的一张张名片。

海淀区林果乡土专家果园分布图

序号	姓名	所在区县、镇村	果园名称
1	赵世良	海淀区闵庄路68 号	四季青果林所大樱桃观光园
2	张爱春	海淀区西北旺镇六里屯	钱亮樱桃采摘观光园
3	赵永生	海淀区西北旺镇冷泉村	永生樱桃园
4	黄志友	海淀区西北旺镇唐家岭村	北京百旺农业种植园
5	孙景洪	海淀区西北旺镇唐家岭村	唐家岭村观光采摘园
6	陈国友	海淀区西北旺镇唐家岭村	陈国友冬枣采摘园
7	董长喜	海淀区西北旺镇唐家岭村	董长喜冬枣采摘园
8	段春玲	海淀区西北旺镇唐家岭村	唐仲晨冬枣采摘园
9	赵文贞	海淀区上庄镇李家坟村	上庄翠湖旅游观光园
10	丁昆生	海淀区温泉镇杨家庄村	杨家庄采摘园
11	臧宝庆	海淀区温泉镇白家疃村	白家疃观光采摘园
12	高宝印	海淀区温泉镇温泉村	温泉村观光采摘园
13	宋志强	海淀区苏家坨镇北安河村北	绿苑采摘园
14	赵金艳	海淀区苏家坨镇台头村	北京京艳庆丰果树种植场
15	李秀荣	海淀区苏家坨镇车尔营	车耳营民俗旅游村
16	黄长利	海淀区聂各庄	香果满园种植场
17	李春利	西山农场	北京市西山果林公司樱桃观光园

四季青果林所大樱桃观光园

四季青果林所大樱桃观光园是知名樱桃专家魏连贵与北京市林果乡土专家单国惠担任技术指导的樱桃有机栽培、观光采摘示范园。

该园是集大樱桃新品种引进、研究开发、精品高效生产、良种苗木繁育、栽培新技术推广及旅游、观光、采摘于一体的集体所有制企业。生产面积120亩，其中优良品种大樱桃100余亩，优良品种近百个，每年可生产鲜樱桃4—5万公斤。

果园采用园林式设计，风格玲珑精巧，优雅经典，环境优雅，设施完备，游人可尽情享受绿谷之美、自然之乐。

该园先后被评为北京市农业观光示范园、北京市十佳观光果园，取得北京市名优果品出口基地、有机产品认证证书。在北京市首届"北京市名果大家评"活动中，果园选送的樱桃早熟品种获金、银奖及一、二、三等奖。

采摘时间： 5月下旬—6月上旬

观光园地址： 北京市海淀区闵庄路68号

联系人： 赵世良

联系电话： 62858165、62858875

乘车路线： 360、714、698路四十五中学站下车前行200米路南四季青果林所。

自驾车线路： 西北四环香山、玉泉山出口前行红绿灯左转向西走闵庄路约3公里路南樱桃园内。

钱亮樱桃采摘观光园

钱亮樱桃采摘观光园位于中关村科技园区内，距中关村不足10公里，始建于2004年3月，生产规模130亩，主要种植品种有红灯、红蜜、早大果、沙蜜豆等。

钱亮樱桃采摘观光园的樱桃生产严格执行无公害农产品生产的相关环境标准、产品标准等标准，并积极采用有机化樱桃栽培技术，调节传统的施肥量及肥料配比等先进的生产技术。

此果园采用修剪责任制，一树一人制周期修剪管理。早春、秋末各施一次有机肥。病虫害防治以预防为主，注重杀虫灯和自制石硫合剂的使用，如没必要绝不打药。

北京钱亮樱桃采摘观光园欢迎各界朋友前来观光采摘休闲，品尝原汁原味、无公害的、极好吃的樱桃。

联系人： 钱先生　张爱春

联系电话： 13501028371　82478782　62442791

乘车路线： 上地城铁站449路六里屯西下，718路、697路颐和山庄终点站下车往北500米即到。

自驾车路线： G6京藏高速（原八达岭高速）北安河出口至北清路亮甲店路口左转700米即到本园。

永生樱桃园

永生樱桃园位于海淀区西北旺镇冷泉村。樱桃种植面积20亩，品种以乌克兰早熟品种为主。成熟时果色乌黑透亮，果多汁，核小，果味甘甜，是樱桃中的极品。另外还有国内的品种——红艳，该果色泽鲜艳，果面黄而带有红晕。灌溉用水全部采用清甜的深井水，且周边空气清新无污染，是生产无公害果品的最佳地方。

樱桃树型采用日本果树的纺锤形，层次错落有致，远看像雪松的形状，充分地采集阳光，使光合作用达到最佳，樱桃口味甚佳。果园内设有停车场，一次性可停30～50辆车，欢迎届时光临。

采摘时间：5月18日—6月15日

联系人：赵永生

联系电话：13522631131　62457536

乘车路线：330、651、652、633、697路亮甲店西口下车，向南走约200米，路西（右转）即到。

自驾车路线：颐和园向北顺黑龙潭路至亮甲店西站左拐200米，路西即到。

北京百旺农业种植园

北京百旺农业种植园位于海淀区西北旺镇唐家岭村5－3区，北邻中关村生命科学园，东邻八达岭高速公路和城铁，南邻中关村软件园，西邻永丰产业基地和航天城。这里空气清新，环境优美，交通便利，是观光采摘者的好去处。

北京百旺农业种植园占地面积40亩，果品以樱桃为主，还有冬枣、三九红雪桃和蔬菜等。百旺农业种植园在管理技术上，由北京农学院、中国农业大学作为技术依托；种植上，施用腐熟有机肥和农家肥，提高果品口感和品质；病虫害防治上，采用农业和物理等手段防治病虫害。欢迎各界朋友前来观光采摘。

采摘时间：6月—11月

联系人：黄志友

联系电话：13522473882

乘车路线：乘公交车365、447、509、642路，或运通205、112路，唐家岭北站下车右拐即到。

自驾车路线：
1. 中关村方向：上地西路至软件园北门右转直行至唐家岭北站。
2. 北清路：从航天城路口南行至航天城南路直行350米，右手边。
3. 京包路方向：京包路南数第二个路口往西150米。

唐家岭村观光采摘园

唐家岭村观光采摘园位于海淀区西北旺镇。北邻中关村生命科学园，东邻八达岭高速公路和城铁，南邻中关村软件园，西邻永丰产业基地和航天城。这里空气清新，环境优美，交通便利，是观光采摘者的好去处。

唐家岭村观光采摘园占地面积3500亩，由1300余个种植户组成。果品以冬枣为主，还有樱桃、桃和蔬菜等。观光采摘园采用滴灌节水工程，增施绿肥，减少化肥施用量，推广使用高效、低毒、低残留农药以及农业措施综合防治病虫害，按无公害水果生产标准进行栽培和管理。观光采摘园集果品和蔬菜采摘、农家饭、观光、踏青、体验农耕于一体，年可接待采摘爱好者10万人次。

采摘时间：　5—6月（樱桃），8—9月（桃），10月（冬枣）

联系人：　邓万录　孙景洪

联系电话：　62973235　62979471

乘车路线：　城铁上地站下车换乘临七路、205、112、911、365、749路公共汽车唐家岭下车即到。

自驾车路线：　1. 中关村方向：上地西路至软件园北门右转直行至唐家岭北站。

2. 北清路：从航天城路口南行至航天城南路直行右拐300米。

3. 京包路方向：京包路南数第二个路口往西200米。

陈国友冬枣采摘园

陈国友冬枣采摘园位于海淀区西北旺镇唐家岭村，北邻中关村生命科学园，东邻八达岭高速公路和城铁13号线，南邻中关村软件园，西邻永丰产业基地和航天城，地理位置得天独厚，环境优美，周边旅游景点有百望山森林公园、凤凰岭风景区，是观光采摘旅游的好去处。

陈国友采摘园占地面积约10亩，种植冬枣、樱桃、桃、草莓以及十余种时令蔬菜，主要以种植冬枣和樱桃为主。自2001年从山东引进优质冬枣品种，采用无公害生产技术精心栽培，现生产的冬枣味甜多汁、外形优美、褚红光亮、皮薄酥脆，果肉青绿色，富含多种营养。

采摘时间：　5—6月（樱桃），9—10月（冬枣）

联系人：　陈国友

联系电话：　13439194058

乘车路线：　乘坐642、205、112、365、509、447路等公交车至唐家岭南站下车，村东4－2区即到。

自驾车路线：　自驾车走唐家岭村或上地北区京包路——村东4－2区国友果园。

董长喜冬枣采摘园

董长喜冬枣采摘园位于海淀区西北旺镇唐家岭村，是新品种引进，精品高效生产，集观光旅游、采摘于一体的采摘园。地理位置优越，北邻中关村生命科学园，东邻八达岭高速公路和城铁13号线，南邻中关村软件园，西邻永丰产业基地和航天城，周边旅游景点有百望山森林公园、凤凰岭风景区，是周末踏青采摘的好地方。

采摘园主要种植冬枣、樱桃、杏和多种蔬菜，9—10月是冬枣采摘的旺季，推出优质冬枣，欢迎观光采摘。

采摘时间： 5—6月（樱桃），9—10月（冬枣）

联系人： 董长喜

联系电话： 13717555376

乘车路线： 乘坐642、205、112、365、509、447路等公交车至唐家岭南站下车，村东4－1区即到。

自驾车路线： 自驾车走唐家岭村或上地北区京包路——村东4－1区。

唐仲晨冬枣采摘园

本采摘园是海淀区冬枣协会会员，地处海淀区西北旺镇唐家岭村南，紧邻上地软件园。其中冬枣25亩，还有樱桃、杏、李子等。园内果品全部按海淀区地方标准生产，经权威机构检验达到了无公害果品标准，具有安全、优质味美、甘甜等特点。果园曾多次获上级部门嘉奖，其中2003年获冬枣协会颁发的二等奖。

另外果园种植了多种蔬菜，养殖了鸡、鸭、鹅。欢迎各方朋友来观光采摘。

采摘时间： 5月下旬—10月中旬
9月下旬—10月中旬（冬枣）

联系人： 唐仲晨 段春玲

联系电话： 13693656971
邮箱：tangxinaaa@163.com

乘车路线： 公交车365，447，509，642路，或运通205、112路。到唐家岭南站下车，往南走200米右转200米即到。

自驾车路线：

1. 中关村方向：上地西路至软件园北门左转500米。
2. 北清路：从航天城路口南行至唐家岭南站，往南走200米右转200米即到。
3. 京包路方向：京包路南头第一路口往西1000米。

上庄翠湖旅游观光园

上庄翠湖旅游观光园位于海淀区上庄镇李家坟村，毗邻翠湖湿地公园、纳兰性德博物馆、水生植物园、四季垂钓园等旅游观光景点。周边拥有便利到达的餐饮（玉食楼、大红灯笼等）、娱乐（太平岛度假村、格瑞健身中心等）设施。果园所产冬枣脆甜爽口，通过有机和奥运果品认证 。

采摘时间：　5—6月（樱桃），　6—7月（杏），10月（冬枣）

联系人：　赵文贞

联系电话：　82473013

乘车路线：　303路、652路（万泉庄→上庄水库下车，沿水库北岸东行，见指示牌。）

自驾车路线：

1. 北宫门→温颐路冷泉路口右拐→上庄路→过北清路屯佃口→上庄水库大桥，见指示牌，沿水库北岸东行，见路标。
2. 农大路/上地路→上北清路→过北清路屯佃口右拐→上庄水库大桥，见指示牌，沿水库北岸东行，见路标。

杨家庄采摘园

杨家庄村观光采摘园位于海淀区温泉镇杨家庄村南山山下，建于1994年，南依巍巍南山，北傍清澈碧秀的京密引水渠。采摘园种植樱桃250余亩，2006年确定为海淀区标准化示范基地，采用标准化管理，使用绿色有机肥料，樱桃结果期严禁任何化学肥料的使用，针对病虫害，采用黑光灯和人工捕捉等方式，从源头上确保了果品是安全绿色食品。品种有大紫、红灯、红艳、红蜜等，果实大、果品鲜艳、口感好、酸甜适口、品质上乘。周边景点大觉寺、鹫峰森林公园、阳台山风景区、凤凰岭旅游风景区等。欢迎广大市民来海淀观光采摘。

采摘时间：　5月20日—6月中旬

联 系 人：　丁昆生

联系电话：　62463152　13681199600

乘车路线：　从颐和园乘330路、346路；西直门乘651路；上地乘633路，到杨家庄站下车，前行500米左转即到。

自驾车路线：　颐温路至杨家庄路口南行500米即到。

白家疃观光采摘园

温泉镇白家疃村观光采摘园地处海淀区北部，温泉镇白家疃村村西，现有鲜果采摘面积400亩，采摘品种有樱桃、葡萄、苹果、枣、杏、桃等。于2006年晋升为二星级观光采摘园，具有观光、采摘、休闲、娱乐、教育等功能，周边交通快捷便利，周边环境优雅、空气新鲜。

采摘时间： 5月10日—6月30日

联系人： 臧宝庆

联系电话： 13661111024　62454358

乘车路线： 颐和园乘330、651、968、346路公交车，温泉苗圃下车。

自驾车路线： 颐温路至温泉苗圃往南500米即到。

温泉村观光采摘园

温泉村观光采摘园位于海淀区温泉镇温泉村西南，为北京市二星级观光采摘园，具有观光、采摘、休闲、娱乐、健身、教育等功能。面积260亩，主栽树种为樱桃，品种以红灯为主，其他有红蜜、大紫、红艳等。其中红灯樱桃2007年和2009年在北京市樱桃擂台赛分别获得二等奖和三等奖。

采摘时间： 5月20日—6月中旬

联 系 人： 高宝印

联系电话： 62458474　13521585951

乘车路线： 从颐和园乘330路、346路；西直门乘651路；上地乘633路，到温泉苗圃下车，向南行500米见中央档案馆再前行300米右转即到。

自驾车路线： 颐温路至双坡路口左转直行1000米即到。

绿苑采摘园

绿苑采摘园位于海淀区苏家坨镇北安河村北，果园面积170亩，集采摘、餐饮于一体，采摘果品主要有樱桃、桃、枣等。樱桃年产量4万公斤。2004年被评为北京市观光采摘定点果园。

采摘时间： 5月中旬—6月下旬（樱桃），6月下旬—8月下旬（桃）

联系人： 宋志强

联系电话： 62488052　13901129239

乘车路线： 346路公交车北安河北口站下车，前行至北清路右转150米左转。

自驾车线路： 北清路西端路口右侧。

北京京艳庆丰果树种植场

北京京艳庆丰果树种植场坐落于海淀区凤凰岭风景区路边，面积100亩，以苹果种植为主，品种有富士、王林、金冠、国光等。种植场在苹果生产中严格贯彻执行无公害农产品生产的技术标准、管理标准和工作标准等，完善果园管理，实现年产优质果品10—15万公斤。

2006年王林、金冠苹果获得北京市果品推荐二等奖，2007年1月获得无公害农产品产地认定证书。

采摘时间： 8月中旬　（金冠苹果、桃、葡萄）
10月　（国光、富士、王林苹果）
11月　（柿子）

联系人： 赵金艳

联系电话： 62459681　13701033955

乘车路线： 颐和园乘坐346路汽车，台头村下车，向东600米即到。

自驾车路线： 北清路→京密引水渠→凤凰岭路口向西200米即到。

车耳营民俗旅游村

车耳营民俗旅游村坐落在海淀区凤凰岭公园南线景区，全村有9000多亩土地，绿色植被覆盖率95%以上，山水拥映，美丽自然。采摘品种有油桃、大樱桃、玉巴杏等。村里的红蜜樱桃，在2004年“春花秋实”北京百万市民观光果园采摘游十大主题之一的“北京名果大家评”樱桃专场上荣获一等奖。

采摘时间：　5月下旬—7月上旬

联系人：　李秀荣　樊俊华

联系电话：　62405084　62468677

乘车路线：　颐和园乘346路到聂各庄车站下车西行到车耳营。

自驾车路线：　北清路→京密引水渠→聂各庄路口向西2公里即到（凤凰岭公园南门入口）。

香果满园种植场

香果满园种植场位于聂各庄中路村西果园路南。果园面积350亩，采摘品种包括桃、李、杏、葡萄、樱桃等。

采摘时间：　5月中旬—9月上旬

联系人：　黄长利

联系电话：　62459503

乘车路线：　颐和园乘346路到圆明园学院下车路西即到。

自驾车路线：　颐和园西路→北清路→京密引水渠→聂各庄路→聂各庄村南。

北京市西山果林公司樱桃观光园

北京市西山果林公司生态樱桃示范观光园位于海淀区西北部，凤凰岭风景区下，面积120余亩，主要品种有樱桃、桃、苹果、梨、枣等十余个品种，其中樱桃树80余亩。地理环境优越，依靠自然而独特的山前小气候，地下水灌溉培养出独特风味的水果。果园2005年已通过无公害农产品认证，同时被评为海淀区三星级农业观光采摘园。

采摘时间：5月中旬—9月

联系人：李春利

联系电话：62455523

乘车路线：颐和园乘346路公交车，凤凰岭下车东行100米处。

自驾车路线：颐和园西路→北清路→京密引水渠→凤凰岭路→凤凰岭景区大门东300米。

3 丰台区
果树与旅游资源简介

丰台区果树生产面积1万亩，设施生产面积95亩。生产大枣、樱桃、苹果、桃、梨、柿子、核桃等十余种果品，长辛店白枣是北京市唯一性产品，同时生产富硒苹果、SOD功能苹果。除设施樱桃生产外，新发展了蓝莓、番石榴、火龙果设施生产。果品年产量550万公斤，总产值1353万元，其中设施果品产量6万公斤，产值300万元。近年丰台区稳步推进果树有机种植，全区3个有机果园700亩正式进入有机果品生产。

丰台区充分利用果树种植资源，在丰台河西生态旅游建设中，培育生态旅游产业链，积极发展果园观光采摘，围绕观光走廊，可走进长辛店大枣博览园、洛平精品果园、南岗洼果园、北宫有机果园等众多农庄果园进行采摘，从冬春的设施草莓到早春的樱桃，从夏季桃子、梨到秋季大枣、核桃等均可供游人观光采摘。便利的交通，丰富的果品，美丽的景色可满足人们回归自然，追求个性化度假休闲放松的需求。

丰台区林果乡土专家果园分布图

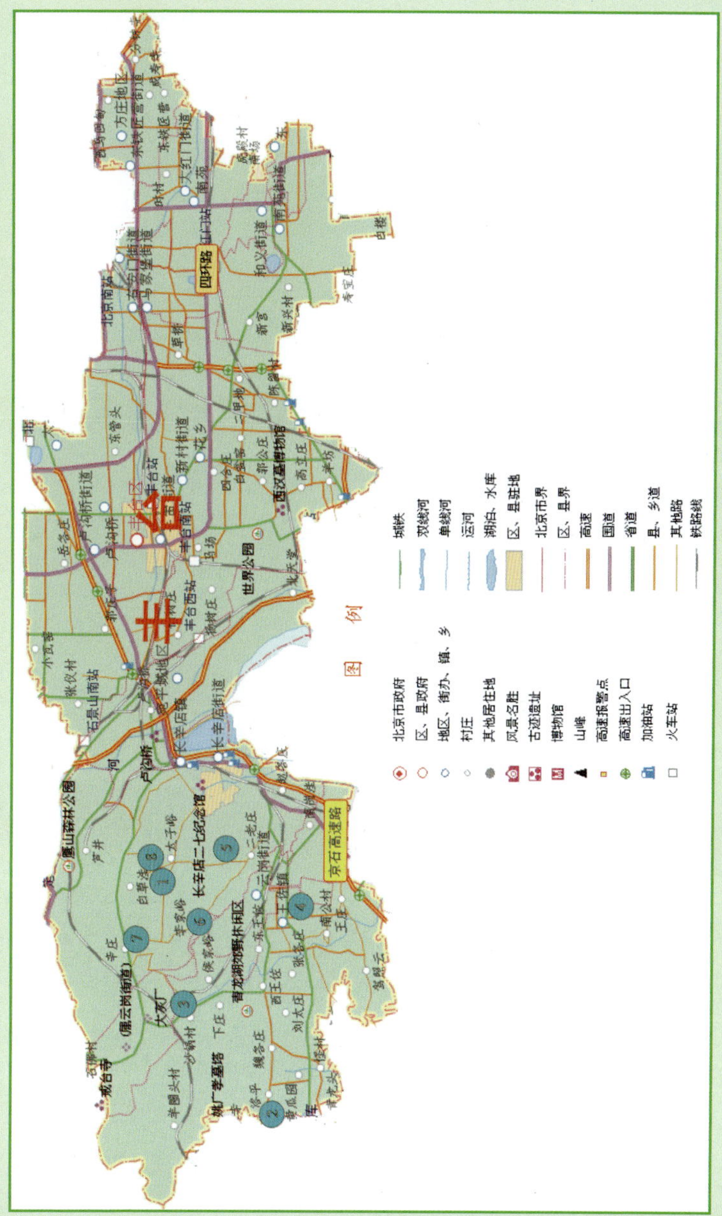

序号	姓名	所在区县、镇村	果园名称
1	梁凤贞	丰台区长辛店农业服务中心	中华名枣博览园
2	林德才	丰台区王佐镇魏各庄	洛平设施果品精品园
3	王淑海	丰台区王佐镇沙锅村	北京绿环兴业商贸有限公司
4	王　新	丰台区王佐镇佃起村	南岗洼果园
5	仇文祥	丰台区长辛店镇张家坟	张家坟村果园
6	王长敏	丰台区长辛店镇李家峪	李家峪村果园
7	于德才	丰台区长辛店镇辛庄村	辛庄南沟村果园
8	袁世德	丰台区长辛店镇太子峪	袁世德冬枣园

中华名枣博览园

园区面积1000亩，均为山坡丘陵地，特别适宜大枣生产，林下发展了花卉种植，生态环境极为优美，空气新鲜。园区共有300多个枣品种，其中长辛店白枣和冬枣种植达500亩，并种植有100亩樱桃。园区是北京市农业生产标准化生产基地和农业部无公害农产品示范基地。果园所产大枣在第二届、第三届北京国际农产品展销会获“最受消费者欢迎奖”和“畅销产品奖”，特别是唯一性品种——长辛店白枣，在2006年北京市奥运果品评比中，荣获中华名果称号，获奥运推荐果品一等奖。

每年大枣成熟季节，来到大枣博览园您可欣赏到不同形状，品尝到脆生生、酸溜溜、甜蜜蜜的枣儿。市民来枣园观花、摘枣，那真是看着舒心、吃着放心、健康全身心。

目前，园区已建有观光长廊、餐厅、鱼池、健身场地等娱乐设施，是观光采摘、旅游休闲的理想场所。

采摘时间：5月中旬—5月底（樱桃）
8月25日—10月15日（枣）

联系人：梁凤贞

联系电话：83876489　83868749

乘车路线：乘661路（始发站长春街）到太子峪环岛下车向西100米。
乘458路（始发站北京南站）到太子峪环岛下车向西100米。
乘917路（始发站天桥）到太子峪环岛下车向西100米。

自驾车路线：从卢沟桥或京石公路到杜家坎转盘，沿长兴路到太子峪环岛向西100米或从莲石路经东河沿到太子峪环岛均可到达。

洛平设施果品精品园

果园地处丰台区王佐镇魏各庄村，占地面积400亩。以设施及露地樱桃生产为主，樱桃品种有红灯、红蜜、红艳、先锋、雷尼、美早、拉宾斯等，还有草莓、蓝莓、桃、杏、李子、梨、葡萄、苹果、柿子、红果等果品生产。每年四月中旬设施樱桃成熟，五月下旬露地樱桃、桃、杏陆续成熟，九至十月间梨、苹果、红果、柿子成熟。2007年4月果园获得有机产品转换证书，正式进入有机果品生产阶段，果实品质显著提高。果园被定为北京市观光采摘定点果园。果园周边有千灵山公园、青龙湖公园、南宫地热博览园、北宫森林公园四大风景区。欢迎各界朋友前来观光采摘休闲旅游，品尝鲜美的果实。

采摘时间：　4月中旬—11月初

联系人：　林德才

联系电话：　13910213208　83313297

乘车路线：　乘坐978青龙湖支线、917青龙湖支线洛平站下即到。

自驾车路线：　自京石高速赵辛店/云岗出口出来，向朱家坟方向行车至云岗后，沿京西教练场路至洛平村即到。

北京绿环兴业商贸有限公司

公司果园位于丰台区王佐镇下庄村，占地300亩，主栽树种是桃，主要生产品种中华寿桃、中华福桃。果园生产全程实施有机种植，平均单果重400克左右，最大单果重1000克。色泽艳丽，风味浓甜，品质优。欢迎各界朋友前来观光采摘。

采摘时间：　9月20日—10月5日

联系人：　王淑海

联系电话：　13691497222　83310147

乘车路线：　乘339、917、321路到云岗，换乘356或665路到下庄下车往西300米即到。

自驾车路线：　自京石高速赵辛店/云岗出口出来，往西行至云岗后继续沿大灰厂路西行至下庄村即到。

南岗洼果园

果园地处丰台区王佐镇南岗洼村，占地100亩，其中葡萄20亩，苹果80亩。苹果主要品种为红富士、王林、华红。为满足消费者对天然有机食品的需求，2005年6月开始实施有机栽培，果园严格按照有机果品标准生产，已通过北京路桥质检认证中心的认证。果园在2004年成功生产出SOD功能苹果和富硒营养苹果。2006年富士、华红苹果在"2008北京奥运推荐果品评比"中均荣获二等奖。真诚欢迎各界朋友在金秋闲暇时节，携亲朋好友来果园观光采摘安全放心又好吃的果品。

采摘时间： 10月初—11月中

联系人： 王新

联系电话： 83873291　13801011748

乘车路线： 917或952路在南岗洼下车，继续向南直行200米过红绿灯，第一个路口左转（有路标）。

自驾车路线： 京石高速赵辛店出口出来，沿107国道直行到南岗洼过红绿灯，走20米第一个路口左转（有路标）。

张家坟村果园

果园12亩生产大枣。主栽品种为长辛店白枣、冬枣、蜂蜜罐枣等多个品种。果园2001年通过无公害农产品认证，并于2006年获得农业部颁发的无公害农产品证书。枣园内还种植野菜、南瓜、花生、红薯等农作物，欢迎游客采摘。

采摘时间： 8月25日—10月20日

联系人： 仇文祥

联系电话： 13661252065　83860175

乘车路线： 乘458路（始发站北京南站）到辛庄路口下车向北1里路东即到。
乘917路（始发站天桥）到辛庄路口下车向北1里路东即到。
乘329路（始发站晓月苑）到李家峪终点站向南1里即到。

自驾车路线： 从卢沟桥或京石公路到杜家坎转盘，沿长兴路到太子峪环岛向南1公里到张家坟村，找董家坟即可到达。

李家峪村果园

王长敏利用荒山野生酸枣资源，嫁接了长辛店白枣、冬枣、马牙枣等品种20亩。枣园2001年通过无公害农产品认证，并于2006年获得农业部颁发的无公害农产品证书。示范带动全村270户种枣，面积达 1500亩，在很大程度上推广了长辛店白枣、冬枣、金芒果枣等品种的种植。所在村被评为北京市农业生产标准化示范基地。欢迎各界游人来李家峪品尝枣的甜美。

采摘时间： 8月25日—10月25日

联系人： 王长敏

联系电话： 13241056679　83872305

乘车路线： 乘329路（始发站晓月苑）到李家峪终点站即到。

自驾车路线： 从卢沟桥或京石公路到杜家坎转盘，沿长兴路到太子峪环岛向西1公里路南即可到达。

辛庄南沟村果园

辛庄南沟村是大枣专业村，该村推广无公害生产技术，利用野生酸枣嫁接长辛店白枣、冬枣、孔府枣、马牙枣等品种，使荒山变成了大枣园，所属村被评为北京市农业生产标准化示范基地。果园面积100亩，该园2001年通过无公害农产品认证，并于2006年获得农业部颁发的无公害农产品证书。金秋时节诚挚的欢迎各界朋友前来观光采摘。

采摘时间： 8月25日—10月10日

联系人： 于德才

联系电话： 83840975

乘车路线： 乘661路（始发站长春街）到太子峪终点下车向西1公里。
乘385路（始发站古城）到化七路口站下车到南沟村即到。

自驾车路线： 从卢沟桥或京石公路到杜家坎转盘，沿长兴路到太子峪环岛向西2公里或从莲石路经东河沿到辛庄南沟均可。

袁世德冬枣园

果园地处丰台区长辛店镇留霞峪村，占地13亩，主栽冬枣。枣园整齐干净，是全镇大枣样板园。根据市场和消费者的需要，采用高接换优的嫁接技术，将承包的梨枣更换为冬枣。果园2001年通过无公害农产品认证，并于2006年获得农业部颁发的无公害农产品证书。金秋时节欢迎各界游人休闲采摘。

采摘时间：　9月25日—10月20日

联系人：　袁世德

联系电话：　83386056

乘车路线：　乘661路（始发站长春街）到留霞峪下车向北1里路东即到。
乘458路（始发站北京南站）到留霞峪下车向北1里路东即到。
乘917路（始发站天桥）到留霞峪下车向北1里路东即到。

自驾车路线：　从卢沟桥或京石公路到杜家坎转盘，沿长兴路到留霞峪村即到。

4 门头沟区
果树与旅游资源简介

近年来，门头沟区委、区政府非常重视果品产业的发展，并已将特色林果作为门头沟区农村主导产业之一，目前果树栽培面积已达到84255亩，其中已经进入结果期面积48300亩，另有散生果树7.9万株。已有果树专业村50余个，建成千亩以上的果园和经济林基地10余个，初步形成“一村一品，一沟一品，一镇几品”的格局。2008年果品产量达到592万公斤，总收入达到5061万元，其中核桃、仁用杏、京白梨、樱桃、大盖柿、玫瑰花等特色产品誉满华北乃至全国。果品业已经成为门头沟区农村经济发展和农民致富的重要途径。

门头沟区不仅注重果品产量，而且注重果品的质量，例如绿色果品、有机果品的生产。结合地区特点，陆续开发了一批具有相当规模、品种特色、营销健全的市、区级标准化果品基地，成为深受群众喜爱的观光果园，推动了果品产业发展。果园园林化和群众体验式采摘等模式为今后山区果树发展开创了更多发展空间，果品发展前景乐观。

门头沟区不仅注重特色果品生产，还是集自然风光、文物古迹、古老民风为一体的经济发展区。境内峰峦叠嶂，青山秀水构成了京西一幅幅瑰丽的天然图画，文物古迹记载了门头沟区悠久灿烂的历史文化。

门头沟区主要旅游景点有“三山、三寺、一涧、一湖、一河”。灵山、百花山是市级自然保护区。灵山是北京唯一的集高原、草原风光为一体的自然风景区。百花山被称为华北地区的天然植物园。妙峰山的庙会历史久远，闻名遐迩。每逢春夏之交，这里的千亩玫瑰更是竞相吐艳，花香四野。始建于1600多年前的著名古刹潭柘寺，有“先有潭柘寺，后有北京城”之说；“潭柘以泉胜、戒台以松名”，建于唐代武德年间的戒台寺有五大名松，神态各异，寺内戒台是全国三大戒台之首。珍珠湖镶嵌在永定河山峡之中，湖面宽阔，碧波荡漾，湖水顺山势弯转，享有“京西小漓江”之称。一路沿途还有京西十八潭、双龙峡景区及明清古村落爨底下村等。

来到门头沟，您可品特色果品、吃农家饭、观赏自然风光、呼吸新鲜空气，真正回归大自然！欢迎到门头沟游山、玩水、拜寺、赏古村！

门头沟区林果乡土专家果园分布图

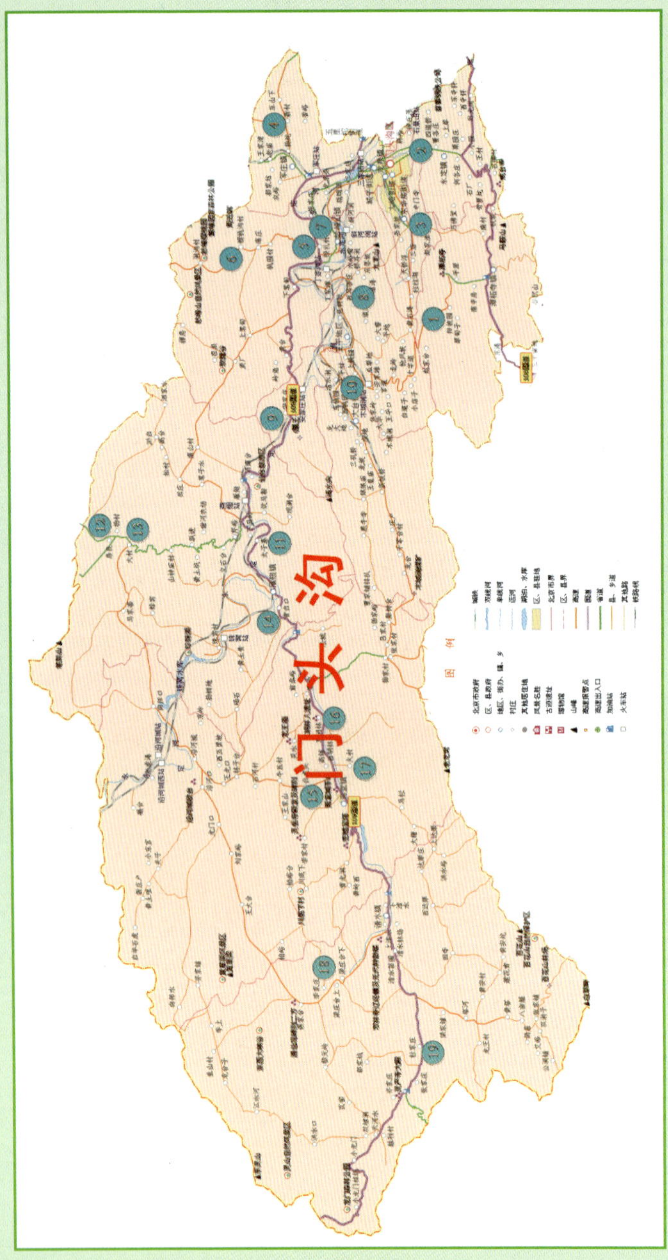

序号	姓名	所在区县、镇村	果园名称
1	周天明	门头沟潭柘寺镇阳坡元村	潭柘寺阳坡园核桃观光园
2	贾德年	门头沟永定镇坝房子村	顺天农苑种植有限公司
3	朱学岭	门头沟龙泉镇中门寺村	中门寺生态园
4	朱凤敏	门头沟军庄镇孟悟村	孟悟生态园
5	孙显山	门头沟妙峰山镇担礼村	北京担礼龙凤岭种植园
6	段广树	门头沟妙峰山樱桃沟村	树莓溪樱桃采摘园
7	王根生	门头沟妙峰山镇陇驾庄村	妙峰山陇驾庄盖柿基地
8	安秀江	门头沟王平镇韭园村	秀江樱桃园
9	王树国	门头沟王平镇安家庄村	王树国旅游观光园
10	李洪水	门头沟区王平镇瓜地村	北京琨樱谷山庄标准化基地
11	彭德川	门头沟雁翅镇太子墓村	太子墓苹果园
12	杨翠敏	门头沟雁翅镇杨村	黄土岭杏扁基地
13	张继泉	门头沟雁翅镇大村	雁翅大村口子沟薄皮核桃基地
14	刘德福	门头沟雁翅镇青白口村	刘德福苹果园
15	贾秀明	门头沟斋堂镇九龙头农场	斋堂镇九龙头农场
16	刘德强	门头沟斋堂镇东胡林村	刘德强仁用杏园
17	李德宝	门头沟斋堂镇火村	火村台上红杏园
18	赵桂录	门头沟清水镇李家庄村	清水镇李家庄果园
19	刘欣民	门头沟清水镇杜家庄村	张财沟果园

潭柘寺阳坡园核桃观光园

潭柘寺阳坡园观光园核桃基地建于2002年，果园面积800亩，主要栽植品种为中林和晋龙两大品种系，丰产树形基本形成，并已进入初果期，果实成熟期为9月中旬。

该基地注重核桃幼树丰产树形培养，严格按照有机栽培要求进行管理，在病虫害防治上采用PS—15III—I型佳多太阳能频振式杀虫灯，同时积极准备有机果园认证工作。

采摘时间： 9月中旬

联系人： 周天明

联系电话： 69806514

乘车路线： 苹果园地铁乘931路汽车到达潭柘寺镇政府，再步行。

自驾车路线： 从门头沟区政府所在地出发沿新桥大街走1.8公里并右转到新桥南大街，走0.8公里并右转到石龙北路，沿石龙北路走2.7公里并直行到G108，沿G108走10.9公里并右转到X004，沿X004走2.4公里并左转，走2.9公里到达目的地。

顺天农苑种植有限公司

顺天农苑种植有限公司位于门头沟区永定镇坝房子村，建于2002年，果园面积300亩，主要栽植品种为中林和晋龙两大品种系，丰产树形基本形成，并已进入初果期，果实成熟期为9月中旬。

该公司注重核桃幼树丰产树形培养，组成农业队形式对果树进行管理，在病虫害防治上采用太阳能频振式杀虫灯，灌溉采用滴灌节水方式，现在果树生长良好，生产核桃皮薄可口、营养价值高。

采摘时间：　9月中旬

联系人：　贾德年

联系电话：　61862472

乘车路线：　1. 苹果园地铁乘931支2路汽车到坝房子村。

2. 北京西客站乘坐941路汽车到坝房子村下车即到。

自驾车路线：　从苹果园地铁出发，朝西方向，沿苹果园路行驶436米，右转沿金顶南路行驶1.1公里，靠左进入广宁路行驶3.1公里，向前沿双峪路行驶2公里，进入滨河路行驶1.2公里，左转向前沿西苑路行驶2.4公里到达终点。

中门寺生态园

中门寺生态园属于龙泉镇中门寺村，位于门头沟区政府西南约3公里处。

生态园现有面积400亩，其中鲜杏为200亩，种植品种为金太阳、银白及银黄，现年产量可达5000公斤，成熟期在6月中旬、6月底。樱桃150亩，主要品种有红灯、大紫、雷尼等，还有桃树50亩。

在果树栽培管理上注意培养树形，使用有机肥，病虫害防治注重以预防为主，采用太阳能频振式杀虫灯，生产安全果品。

采摘时间：　5月底—6月底（樱桃、杏）

联系人：　朱学岭

联系电话：　61890031

乘车路线：　931支1（西黄村西口——中门寺生态园）乘车到终点下车，步行100米。

自驾车路线：　从北京市门头沟区人民政府出发沿新桥大街向东南方向行驶约700米，右转进入大峪南路向西行2.1公里，到中门寺街，直行即到。

孟悟生态园

孟悟生态园地处门头沟区军庄镇孟悟村，果园面积1000亩。主要栽植果品有京白梨、马牙枣、苹果、大桃、红杏、核桃等诸多品种，其中以京白梨最为著名。1999年首次亮相昆明世界园艺博览会就获得了银奖。

门头沟军庄镇是京白梨的原产地之一，有着400多年种植历史。为了保证市民能吃上纯正的京白梨，果园在管理上采用了生物防虫、增施有机肥、抽灌山泉水和地下井水等技术措施。果园已通过有机产品认证。欢迎来园区吃住采摘、娱乐休闲！

采摘时间：　9月上旬—10月

联系人：　朱凤敏

联系电话：　60810784　60813947

乘车路线：　苹果园地铁977支路孟悟村下车，前行50米即到。

自驾车路线：　从市内沿阜石路到金顶街后上109国道前行，可到军庄镇路口，右转前行1公里后，再右转爬坡1公里即到。

北京担礼龙凤岭种植园

北京担礼龙凤岭种植园属于门头沟区妙峰山镇担礼村，北边距妙峰山景区15公里。园区根据资源优势，建立"一山一河带两沟"的旅游总体框架，以永定河为切入点发展生态旅游、观光旅游、休闲旅游、家庭旅游和民俗文化相结合的特色旅游网络。

种植园现有面积300亩，其中京白梨为170亩，年产量可达10000公斤，成熟期在8月下旬至9月上旬。鲜杏主要栽植品种为红太阳，面积为30亩，年产量可达5000公斤，成熟期在6月下旬至7月上旬。园内还种植有樱桃、李子、枣、海棠等。水泥路贯穿果园，并建有停车场，园内设有多种健身娱乐设施及可容纳60人的会议室。

该种植园在果树栽培管理上使用有机肥，病虫害防治注重以预防为主，采用荧光灯诱杀成虫，生产无公害安全食品。

采摘时间：　6月下旬—7月上旬（鲜杏）

　　　　　　8月下旬—9月上旬（京白梨）

联系人：　孙显山

电话：　61880771

乘车路线：　1. 929路支（地铁苹果园西——双溏涧灵山景区）乘车到担礼站下车。

2. 929路（地铁苹果园西——木城涧）乘车丁家滩下车步行1公里。
3. 981路临快（西客站南广场——丁家滩）到丁家滩下车步行1公里。
4. 自驾车路线：从苹果园地铁出发，朝西方向，沿金顶南路行驶1.5公里，右转沿G109行驶17公里，到达终点。

树莓溪樱桃采摘园

树莓溪采摘园属于门头沟区妙峰山镇樱桃沟村，该村位于著名风景区金顶妙峰山的山脚下，是一处集名人古迹、樱桃采摘、池塘垂钓、民俗观光、科普教育于一体的旅游观光农业示范园区。其三面环山，景色宜人，独特的山区小气候，非常适宜大樱桃的生长，经过多年建设，形成了“大樱桃观光园区”，树莓溪采摘园就属于观光园区的一部分。

树莓溪采摘园现有面积50亩，其中樱桃40亩，主要品种为红灯、雷尼及红艳等，成熟期在5月下旬至6月中旬；京白梨5亩，成熟期在8月下旬至9月上旬；枣树5亩，成熟期在9月中旬至10月中旬。

该采摘园樱桃通过了有机认证，加入了北京百果惠民果品产销合作社，在2009年北京樱桃擂台赛中荣获三等奖。

采摘时间： 5月下旬—6月中旬（樱桃）
8月下旬—9月上旬（京白梨）
9月中旬—10月中旬（枣）

联系人： 段广树

联系电话： 13716215881

乘车路线： 周六、日坐929路支（地铁苹果园——妙峰山专线）乘车到樱桃沟村站下车。

自驾车路线： 从苹果园地铁向正西方向出发，沿金顶南路行驶1.2公里，右转进入G109国道，到担礼路口向北走妙峰山方向即到。

妙峰山陇驾庄盖柿基地

陇驾庄盖柿基地位于门头沟区妙峰山镇陇驾庄村，面积700亩。这里风景秀丽，空气清新，环境优美。沿河两岸淤积的半沙壤土地肥沃，得天独厚的自然生态环境，孕育了具有千百年历史文化特色的农产品——陇驾庄大盖柿。陇驾庄盖柿，品味质优，是妙峰山镇“三果一花”之一，久负盛名。2004年获得“北京名果大家庭柿子专场磨盘柿二等奖”。

采摘时间： 10月下旬

联系人： 王根生

联系电话： 61881912

乘车路线：

1. 在石景山苹果园地铁乘坐公交929路、929支路车在陇驾庄村下车即可到达。
2. 在北京西客站南广场乘坐981路（临快）陇驾庄下车即到。

自驾车路线：

1. 阜成门出发→走阜石路→石景山→麻峪环岛→双峪环岛→水闸灯岗向右→走水担路→直行到野溪桥东→陇驾庄村，总行程约40分钟即可到达。
2. 六里桥出发→莲花池→走莲石路→石门营环岛右转→葡萄嘴环岛→直行到双峪环岛→水闸灯岗向右→走水担路→直行到野溪桥向东→陇驾庄村，行程约40分钟。

秀江樱桃园

该樱桃园位于门头沟区王平镇韭园村，占地10亩，1995年建园，种植品种有红灯、大紫、雷尼等多个品种。因日照时间长，成熟早，每年5月下旬即可开园，可持续到6月上旬。2010年的开园时间为5月25日，每天早6点至晚8点可接待游人。果园所在地自然风景秀美，附近有京西古道，古堡和历史名人马致远故居等古文化遗址，将特色农业和观光休闲紧密相结合，初步形成了集观光、休闲、采摘、旅游为一体的休闲区。

联系人： 安秀江

联系电话： 61858509　13716508908

乘车路线： 苹果园地铁站转乘929路汽车到西石古岩下车，左行1公里即到。也可乘坐门头沟——木城涧小火车，韭园站下车，步行5分钟即到。

自驾车路线： 沿莲石西路（石门营环岛）右行沿109国道前行，按路标行驶，西石古岩韭园农庄左行1公里即到。

王树国旅游观光园

王树国旅游观光园位于门头沟区王平镇安家庄村，京西太行山系燕山脚下的永定河畔，东距西三环航天桥55公里，毗邻109国道。观光园与周边风景优美的京西十八潭、清凉界生态城、盘龙度假山庄、韭园农庄等自然风景区连接在一起，形成了特色鲜明、富有浓厚田园气息的集观光、采摘、自然风景为一体的旅游带。

种植园现有面积15亩，其中种植本地小枣6亩，京西核桃及薄皮核桃6亩，园内还有鲜杏、梨、桃等。果实从6月20日开始陆续成熟，到10月中旬为止，在此期间皆可采摘观光。

采摘时间： 6月20日—10月初

联系人： 王树国

联系电话： 13683225112

乘车路线： 坐929支（地铁苹果园西——斋堂方向）乘车到安家庄站下车，向东走800米见“国敬农家园”即到。

自驾车路线： 从苹果园地铁向正西方向出发，沿金顶南路行驶1.2公里左右，右转进入G109，沿G109行驶33.0公里，右后方转弯进入下安路，沿下安路行驶70米即可到达。

北京琨樱谷山庄标准化基地

北京琨樱谷山庄始建于2002年，位于门头沟区王平镇瓜地村，北岭地区的山脚下，紧邻109国道，是通往灵山、百花山等京西旅游景区的必经之路，929路公共汽车直通苹果园地铁，交通便利。

琨樱谷山庄樱桃基地经两年的规划整地建设，于2004年春天开始栽植，引进栽植名特优樱桃新品种10多个，栽植面积1000亩，形成以樱桃观光、采摘为特色，休闲、食宿一体的观光园区。

琨樱谷山庄与市农科院合作，在原建园的基础上，又引进了早、中、晚熟樱桃新品种：早大果、美早、马苏德、友谊、雷尼、红手球、8—102等，使樱桃采摘期由原有的25天延长到45天。

琨樱谷山庄，环境优美、空气新鲜、泉水长年流，土壤中性偏酸，非常适宜樱桃生长。果树种植在海拔330～380米之间的梯田地中，品味好、果实漂亮。由于受地理气候的影响，第一批果实成熟期为5月下旬，6月份为采摘盛期，可持续采摘到7月初。

琨樱谷山庄樱桃园已进入盛果期，目前果树长势良好，果实个大、味好、漂亮，预计2010年是个丰产年，欢迎朋友们光临琨樱谷山庄休闲采摘。

采摘时间：　5月下旬—7月初
联系人：　李洪水
联系电话：　61857139
乘车路线：　苹果园地铁乘929路到王平村下车，打车即到。
自驾车路线：　沿阜石路到门头沟区双峪环岛右转上109国道直行到王平村桥头，再按指示牌走即到。

太子墓苹果园

太子墓果园面积500亩，主要种植红富士苹果，严格按照有机果品生产要求进行生产管理，通过了有机认证，注册商标为：太子墓苹果。

太子墓村富士苹果曾摆上过人民大会堂宴会厅，中共十四大、远南运动会等大型会议都曾作为代表们的特供水果，还是北京特需库指定的特供产品。

采摘时间：　10月中旬
联系人：　彭德川
联系电话：　61830040
乘车路线：　苹果园地铁坐929支路汽车到太子墓村下车即到。
自驾车路线：　从门头沟区区政府所在地河滩出发，沿109国道行驶，即可到达雁翅镇太子墓村。

黄土岭杏扁基地

黄土岭杏扁基地位于门头沟区雁翅镇杨村，距门头沟区政府西北方向约45公里。与大村口子沟相邻，处于西北部深山区与河北省怀来县交界。基地环境优美、空气新鲜，是旅游度假的好去处。途经妙峰山镇担礼龙凤岭、风景优美的京西十八潭、清凉界生态城、盘龙度假山庄、韭园农庄等自然风景区。

黄土岭杏扁基地现有面积60亩，品种主要是长城一号，在每年的7月中旬成熟。该基地与大村口子沟薄皮核桃基地、房良村果树基地形成一体，成为雁翅镇干果基地的重要组成部分，同时加入了雁大干果种植合作社。

该基地乡土专家从科学管理入手，培养丰产树形，合理负载，追施有机肥，以提高果树的抗病虫害能力，生产出了优质干果。

采摘时间：　7月中旬—7月底

联系人：　杨翠敏

联系电话：　61836010

乘车路线：　坐929支（地铁苹果园西——大村）到杨村下车，再向北后向东步行400米即到。

自驾车路线：　从苹果园地铁向正西方向出发，沿金顶南路行驶约1.2公里，右转进入G109，沿G109行驶约42公里，进入S219行驶14.9公里，左前方转弯进入X006，沿X006行驶3.7公里，左前方转弯行驶2.3公里，到达终点。

雁翅大村口子沟薄皮核桃基地

核桃基地位于门头沟西北部雁翅镇大村口子沟，2003年定植，面积1200亩。

到目前为止，1200亩薄皮核桃基地的苗木长势良好，丰产性树形基本形成，严格按照有机果品生产要求进行管理，如浇水完全是机井灌溉，农药防治以防为主，采用物理防治，施肥使用有机肥等。通过果农的精心管理，果树已逐步进入初果期。

采摘时间：　9月中旬

联系人：　张继泉

联系电话：　61836245

自驾车路线：　从门头沟区政府所在地河滩出发朝西方向，沿门头沟路行驶300米左右，左转上109国道，前行至芹峪检查站，再沿南雁路行驶约20公里即到。

刘德福苹果园

果园位于门头沟区雁翅镇青白口村，果园面积4.2亩，主要栽植红富士苹果。由于果园地处西部深山区，昼夜温差大，利于糖分积累，所以生产的果品清爽甜美，口感极佳。

采摘时间：　10月中旬

联系人：　刘德福

联系电话：　61839888

乘车路线：　地铁苹果园站换乘929路，青白口村下车即到。

自驾车路线：　从门头沟区政府所在地河滩沿109国道行驶，到雁翅镇青白口村即到。

斋堂镇九龙头农场

九龙头农场始建于1992年，总面积800亩。主要种植红富士苹果，还有鲜杏。

采摘时间： 10月中旬

联系人： 杨秀利　贾秀明

联系电话： 69816791

乘车路线： 苹果园地铁坐929支路汽车到斋堂镇政府下车即到。

自驾车路线： 从门头沟区区政府所在地河滩出发，沿109国道行驶，即可到达斋堂镇政府。

刘德强仁用杏园

刘德强仁用杏园位于门头沟区斋堂镇东胡林村，京西太行山系燕山脚下，毗邻109国道。周边有京西核桃基地、火村红杏园等果园及双龙峡自然风景区。

现有面积23亩，主要品种为优一、龙王帽等。成熟期在7月中旬，年产量为1500公斤。

采摘时间： 7月中旬—7月底

联系人： 刘德强

联系电话： 61817637　61817076

乘车路线： 坐929支（地铁苹果园西——斋堂方向）乘车到东胡林村站下车，找刘德强即可。

自驾车路线： 从苹果园地铁向正西方向出发，沿金顶南路行驶1.2公里，右转进入G109，沿G109行驶约59.2公里，右前方转弯行驶450米即可到达。

火村台上红杏园

火村台上红杏园位于门头沟区斋堂镇火村，京西太行山系燕山脚下，毗邻109国道。该园区与双龙红杏园等果园共同构成千亩红杏园，距离双龙峡景区仅2.5公里，周边还有爨底下古山村及灵水举人村。

该果园现有面积5亩，主要种植火村红杏。成熟期在6月25日至7月15日。现年产量0.25万公斤。

采摘时间： 6月25日—7月15日

联系人： 李德宝

联系电话：　69818145

乘车路线：　苹果园地铁站往西200米，乘929支线，直接在火村口下车即到。

自驾车路线：　沿阜石路从门头沟或石景山到三家店（沿水库）顺109国道经军庄、下苇甸、王平村、芹峪口、珍珠湖路口、军响、西胡林到火村，从市中心到火村约80公里。

清水镇李家庄果园

李家庄果园位于门头沟区清水镇李家庄村，京西太行山系燕山脚下，毗邻109国道。

现有面积300亩，主要品种中林系、晋龙系、辽核一号等。成熟期在9月中旬至9月底。

该园注重科学管理，及时浇水、施肥、除草，提高树势，减少病害，采用物理措施进行虫害的防治，防止了农药污染，果实品质与产量年年提高。

采摘时间：　9月中旬—9月底

联系人：　赵桂录

联系电话：　61828286

乘车路线：　坐929支（地铁苹果园西——燕家台）乘车到李家庄下车。

自驾车路线：　从苹果园地铁向正西方向出发，沿金顶南路行驶1.2公里左右，右转进入G109，沿G109行驶约75.6公里，右前方转弯进入上燕路，沿上燕路行驶6.8公里，右转行驶250米，到达终点。

张财沟果园

张财沟果园位于门头沟区清水镇杜家庄村，京西太行山系燕山脚下，毗邻109国道。

该果园现有面积65亩，主要种植仁用杏，品种为优一和龙王帽。成熟期在7月中旬。为了更好地购入生产资料和果品销售，加入了炜伟种植专业合作社。

该园乡土专家对果园进行科学管理，注重整形修剪，及时浇水、施肥、除草，提高树势，减少病害，采用糖醋液诱杀等方法进行虫害的防治，使产量年年提高。

采摘时间： 7月中旬—7月底

联系人： 刘欣民

联系电话： 61827711

乘车路线： 坐929支（地铁苹果园西——双塘涧）乘车到杜家庄下车向东步行500米即到。

自驾车路线： 从苹果园地铁向正西方向出发，沿金顶南路行驶1.2公里左右，右转进入G109，沿G109行驶约81.3公里到达终点。

5 房山区
果树与旅游资源简介

房山区位于北京西南，号称“北京祖源”。50万年的人类史、5000年的文明史，都在这块神奇的土地上烙下深深的印记，形成了房山独特的历史和灿烂的文化。

始建于1400多年前的佛教圣地云居寺，保存着世界上仅存的1122部、3572卷、14278块石刻佛教大藏经，被誉为“石经长城”。十渡国家地质公园，被誉为“青山野渡，百里画廊”；上方山国家森林公园集山、林、洞、寺诸景为一体，久负“南有苏杭、北有上方”之美称；“生态公园”白草畔、百花山、“京都第一奇山”圣莲山等自然景观，令人流连忘返。石花洞多层多支，银狐洞水旱洞连通，以及仙栖洞、云水洞等，共同组成了中国北方最大的岩溶洞穴群。

房山区现有果树总面积22.95万亩，其中磨盘柿10.3万亩，梨2.8万亩，核桃3.7万亩，桃2.6万亩。年产优良果品8532.7万公斤。年产值22894万元。

为了加快果品产业的不断升级，房山区近年在平原、山前暖区、国道两侧和景点周边，发展采摘观光园40个。重点在琉璃河镇贾河和务滋村启动了“京白梨大家族主题公园”建设，在张坊镇启动了“柿子大家族主题公园”建设和窦店镇富恒观光园启动了“李子大家族主题公园”建设。引进核桃优良品种40多个，在长沟镇北甘池村和霞云岭乡上石堡村进行了高接试验示范，成为国家三个优质核桃品种“中试”示范区之一。“房山磨盘柿地理标志产品保护”通过了国家质量检验检疫总局的批准。

这里，山、水、洞、寺景致齐全，古、野、新、奇特色鲜明，鲜、特、口味纯正、果品多样，人文景观与自然景观有机融合，行、游、住、食、购、娱完善配套，是探索自然变迁，欣赏秀美风光，浏览历史画卷，领略现代文明的旅游胜地。

房山区林果乡土专家果园分布图

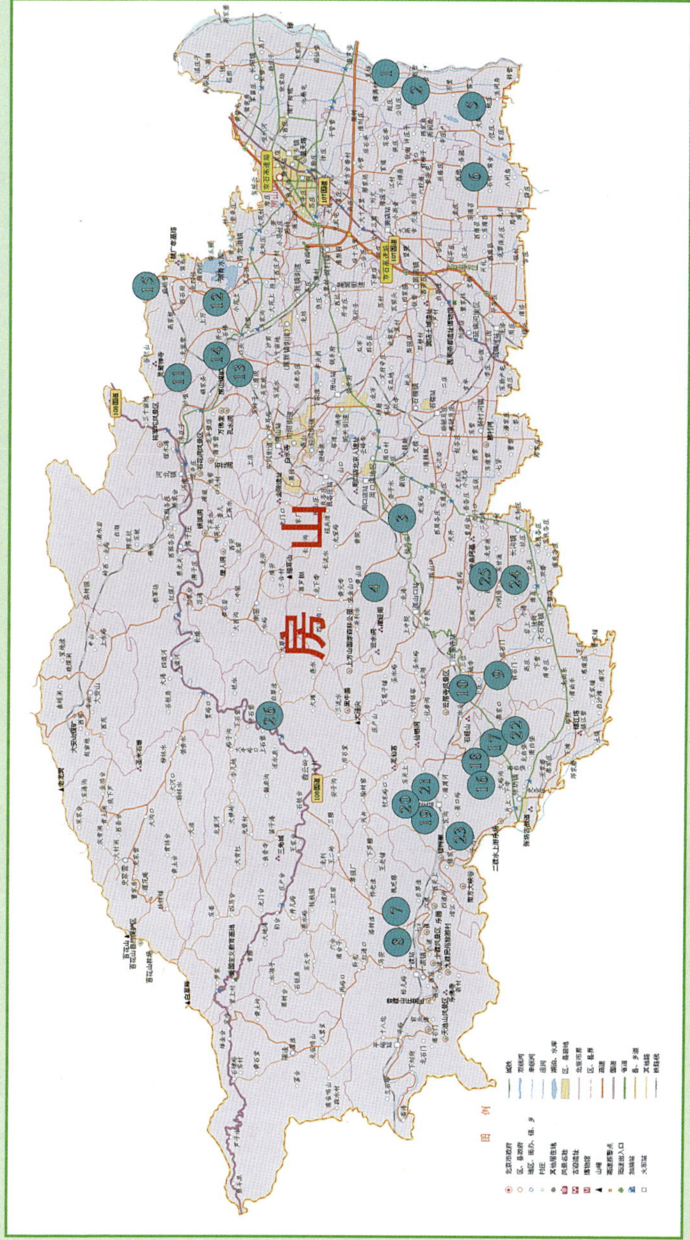

序号	姓名	所在区县、镇村	果园名称
1	高云彪	房山区长阳镇夏场村	长阳夏场葡萄采摘园
2	周长友	房山区长阳镇公议庄村	长阳公议庄村黄金梨基地
3	王士芳	房山区周口店镇娄子水村	北京娄子水生态果品观光园
4	张海龙	房山区周口店镇黄山店村	周口店黄山店村磨盘柿标准化果园
5	刘玉松	房山区琉璃河镇贾河村	房山京白梨大家族主题公园
6	刘　永	房山区琉璃河镇务滋村	务滋村采摘专业合作社
7	蔡丰龙	房山区十渡镇五合村	十渡五合村磨盘柿标准化示范基地
8	隗合拥	房山区十渡镇七渡村	北京华峰生态观光采摘园
9	王文强	房山区大石窝镇后石门村	后石门村乡韵小苑采摘园
10	王宏存	房山区大石窝镇三岔村	房山大石窝三岔村菱枣采摘园
11	王桂龙	房山区青龙湖镇北车营村	桂龙观光采摘园
12	赵　路	房山区青龙湖镇焦各庄村	焦各庄村特果采摘园
13	王　文	房山区青龙湖镇口头村	口头村磨盘柿观光果园
14	王建全	房山区青龙湖镇漫水河村	青龙湖漫水河王建全观光采摘园
15	魏光明	房山区青龙湖镇晓幼营村	青龙湖晓幼营村磨盘柿基地采摘园
16	朱茂银	房山区张坊镇大峪沟村	张坊大峪沟村磨盘柿观光采摘园
17	杨耐阁	房山区张坊镇大峪沟村	张坊大峪沟村杨耐阁磨盘柿采摘园
18	杨景广	房山区张坊镇大峪沟村	张坊林场磨盘柿基地
19	姜春生	房山区张坊镇三合庄村	三合庄村姜春生磨盘柿观光采摘园
20	隗合军	房山区张坊镇三合庄村	张坊三合庄村隗合军磨盘柿采摘园
21	姜德金	房山区张坊镇三合庄村	张坊三合庄村姜德金磨盘柿采摘园
22	方桂明	房山区张坊镇北白岱村	张坊北白岱村玉波采摘园
23	郭志仓	房山区张坊镇瓦沟村	瓦沟村磨盘柿观光采摘园
24	康继国	房山区长沟镇北正村	长沟北正村核桃观光采摘园
25	王德军	房山区长沟镇北甘池村	长沟北甘池优质核桃示范基地
26	郑珍保	房山区霞云岭乡上石堡村	上石堡“青峰苑”精品核桃观光采摘园

长阳夏场葡萄采摘园

夏场葡萄采摘园位于房山区长阳镇夏场村，占地面积800亩，其中设施大棚面积200亩，葡萄品种十余个，是京郊温室葡萄集中种植面积最大的村，所产葡萄口味鲜美，含糖量均达到18%以上。2001年9月通过了国家安全食品认证，2007年获得了奥运推荐果品称号，开创了“鑫夏葡萄”的品牌。夏场村葡萄采摘园是集葡萄采摘、旅游观光、农家乐为一体的民俗旅游接待户，游客到夏场葡萄采摘园不仅能采摘到新鲜的葡萄，还可以吃农家饭、住民俗院，体验民俗生活。

采摘时间：　大棚5月中旬—6月中旬
　　　　　　露地8月中旬—10月

联系人：　高云彪

联系电话：　60352105　13691020793

乘车路线：　六里桥乘616路到良乡医院换乘8路中巴到夏场村即到；六里桥乘917或993路到良乡南关换乘8路中巴到夏场村即到。

自驾车路线：　六里桥→京石高速路→南六环路（大兴方向）→长韩路出口→向南300米夏场村即到。

长阳公议庄村黄金梨基地

公议庄村地处房山区最东侧，西临小清河，东依永定河，树木茂盛，空气清新，雨水充沛。公议庄村土质属沙性土壤，最适合黄金梨的生长习性。基地占地面积140亩，有黄金梨树6000多棵，年产优质梨14万公斤。2005年在区林果站的帮助下，村里对140亩黄金梨树进行网架栽培，有效地解决了黄金梨枝条软，连续结果树势衰弱的缺点。2007年被评为奥运会推荐果品。

采摘时间：　9月中旬

联系人：　周长友

联系电话：　60358893　13718501770

乘车路线：　北京西站乘616路或六里桥乘917路公交车到良乡换乘8路中巴到公议庄村下车→往南300米路西即到。

自驾车线路：　京良公路西营路口→长韩路→公议庄村往南300米路西即到。

北京娄子水生态果品观光园

该观光园位于北京市房山区周口店镇娄子水村西周坊路南侧，占地面积200亩，苹果树6000株，品种为红富士苹果，年产250吨。该园建于2004年，通过精心管理，2007年被认定为北京市无公害农产品基地，同年，经农业部农产品质量安全中心审定，荣获无公害产品证书，2006年获奥运果品奖。

采摘时间：　10月

联系人：　王士芳　沈廷术

联系电话：　13681156332　69308852

乘车路线：　六里桥乘917路到房山换乘7路中巴到娄子水村西即到。

自驾车路线：　六里桥→京石高速→房山出口→房山→周口店→周坊路→娄子水村西即到。

周口店黄山店村磨盘柿标准化果园

该标准化果园位于周口店镇黄山店村南公路两侧。该园有盛果期的成年柿树9000余株，2002年至2003年新植柿树500亩，1.65万株，全园共有柿树总面积1000亩，其品种为磨盘柿，年产柿子1000余吨。

通过精心管理，我村磨盘柿标准化果园于2002年获得房山区磨盘柿基地建设三等奖，2005年获得“北京市无公害农产品产地认定”证书，2006年获得农业部颁发的“无公害农产品”证书，2007年获得“中华人民共和国地理标志保护产品”荣誉称号。

采摘时间：　10月份

联系人：　张海龙

联系电话：　60364215　15910423383

乘车路线：　六里桥乘917路→房山换乘7路中巴→黄山店磨盘柿基地即到。

自驾车路线：　六里桥→京石高速路→房山出口→京周路→周黄路→黄山店磨盘柿基地。

房山京白梨大家族主题公园

该园位于房山区琉璃河镇贾河村，占地面积470亩，有百年以上梨树4000多株，年产优质梨60万公斤，主栽品种为京白梨和子母梨等。通过采取各项栽培技术措施和精心管理，京白梨平均单果重为150克，最大单果重350克。在该地区生产出的京白梨，果肉黄白色，肉质中粗而脆，石细胞少，易溶于口，香甜宜人，含糖量高，在北京地区小有名气。2004年～2007年连续四届在全国梨王擂台赛中获得一等奖，并在2007年获2008北京奥运推荐果品三等奖。

该园为面向都市农业建设和市民的多样化、高档化、新奇的需求，充分发挥传统的梨树品种资源优势，建立以京白梨为主的秋子梨主题公园，保留原有的京白梨、子母梨、秋子梨，并引进适合本地生长结果的南果梨、花把梨、韩香、韩红等60个优良新品种，不仅进一步丰富了品种资源，而且可以为京白梨等传统品种提供授粉，提高果实品质，增加收益。同时为转变农民陈旧的果树生产观念具有重要的促进作用，通过土壤改良、提高有机质含量，增加景观和生态建设等综合管理，赋予了秋子梨生产的新的内涵。通过对园内其他品种进行改良，现已结果并取得了成功。

采摘时间：　8月中旬—10月中旬

联系人：　刘玉松

联系电话：　80321414　13716880475

乘车路线：　六里桥乘917路或616路→良乡南关换乘34路中巴→贾河村下车→向西100米即到。

自驾车路线：　六里桥→京石高速路→琉璃河出口→走琉窑路→大陶村往东200米即到。

务滋村采摘专业合作社

务滋村采摘专业合作社位于北京市房山区琉璃河镇务滋村。果园面积3800亩，其主要树种有梨树3660亩，桃树160亩，杏树70亩，李子树10亩。我合作社以梨树为主栽树种，其主要品种有京白梨、黄金梨、绿宝石、红香酥、红考密斯、雪花梨、鸭梨、五九香、皇冠、子母梨、广梨等近百个品种。

该合作社2002年被确定为北京市农业标准化生产基地，同年在市林业局和大兴区举办的首届“龙海杯”梨王赛上，雪花梨荣获白梨系列金奖。2003年9月在市林业局和大兴区举办的第二届“龙海杯”梨王赛上，五九香梨荣获白梨系列银奖，并通过北京市食品农产品安全认证。2004年被确定为北京市观光采摘园定点果园。2008年雪花梨、五九香梨、绿宝石梨、皇冠梨、黄金梨被评为2008北京奥运推荐果品。

刘永同志被北京市评为高级农技师，是房山区“林果乡土专家”之一。他凭借着多年的果树管理技术经验，多年义务为果农进行植保、栽培管理等技术指导与服务，深受广大农民的欢迎，所产果品安全、放心。

采摘时间： 6月初—10月初

联系人： 刘永

联系电话： 80399423　13681027814

乘车路线： 良乡乘33路中巴→务滋村十字路口下车→向东200米即到。

自驾车路线： 京石高速公路→窦店出口向东→过环岛沿交道方向第三个红绿灯右转行驶2公里即到。

邮箱： liujianmei5796@sina.com

十渡五合村磨盘柿标准化示范基地

该示范园位于房山区十渡镇五合村，占地面积150亩，有盛果期柿子树2800余株，年产柿子15万公斤以上。

五合村地处深山区，昼夜温差大，有利于果品养分的积累。生产出来的磨盘柿，其果实以果体大，果形美，光洁艳丽，清汤多汁，口味甘甜而著称。平均单果重300克左右，最大单果重达480克以上，且含糖量高，口感好，是观光采摘的极品。2007年十渡镇磨盘柿通过了农业部有机食品认证。

采摘时间： 10月份

联系人： 蔡丰龙

联系电话： 61344742　13716534403

乘车路线： 六里桥乘917路或房山乘16路中巴→六渡村下车→往北2公里即到。

自驾车路线： 六里桥→京石高速公路→琉璃河出口→韩村河路→周张路→张宝路→六渡村往北2公里即到。

北京华峰生态观光采摘园

华峰生态观光采摘园位于北京市房山区十渡镇七渡村，占地面积80亩，是北京市农委批准的“观光采摘型、蔬菜新品种引进与推广核心示范区”。

该园区果树种类较多，品种多样，主要有房山磨盘柿、菱枣、薄皮核桃、西梅李、果桑、石榴及鲜杏等，均是名特优新品种。除此之外，园区内还间作套种了各类瓜菜，既有新品种红栗南瓜、绿栗南瓜、优种袖珍型西瓜，也有传统的白黄瓜、葫芦及多品种菜类供

游客采摘。尤其是园里的优质紫瓤红薯、紫粒花生、五彩花生，均富含硒元素，属防癌抗癌、延年益寿的保健产品。

该园区自2006年开园以来，全部施用经过高温发酵的优质有机肥，不使用任何化肥，采用无公害、绿色食品种植生产，深受人们的欢迎和青睐。

采摘时间：　5月初—10月底

联系人：　隗合拥

联系电话：　61340983　13693108255

乘车路线：　六里桥乘917路或房山乘16路中巴到七渡村北站下车即到。

自驾车路线：　六里桥→京石高速路→琉璃河出口→韩村河路→周张路→张宝路→七渡村北站即到。

后石门村乡韵小苑采摘园

乡韵小苑采摘园地处北京市房山区大石窝镇北部丘陵地区后石门村北，风景优美、气候宜人、地理位置优越，位于十渡、云居寺、长沟和上方山景区的“旅游黄金线”上，是通往云居寺、云居寺滑雪场、仙栖洞、野三坡、十渡等旅游胜地的必经之路。乡韵小苑为“山前暖区”气候，昼夜温差大，水质、土壤、气候等自然条件极适合果品种植，而且经过国家认证属甜水区，其生产出的水果口感好、质量高、甜度大，是发展以观光采摘、休闲娱乐为主要内容的民俗旅游业的好去处。

乡韵小苑经营者是后石门村民王文强同志，全家5口人。于1995年春开始承包本村撂荒地200亩。经过十几年的栽植管理，现有果树5万余株，主要树种有枣树130亩、杏树50亩、李子树20亩，以及柿子、梨、香椿等。园内主栽品种为“福临”菱枣。该园内设有餐饮和住宿1500平方米，是集观光、采摘、餐饮、住宿和休闲、娱乐于一体的好去处。建有20吨的微型节能保鲜库1座，随时可为客户提供各种优质果品。2001注册“福临”牌商标。2002年取得了绿色食品证书。2004年被确定为北京市定点观光采摘果园。2007年取得了有机食品认证。2007年福临菱枣被评为2008北京奥运会推荐果品。

王文强同志1997年被北京市政府评为京郊农民百富户，1997～1999年被房山区委、区政府评为区种养致富明星户，同年被区水利局评为水利富民先进个人，1998～2003年被房山区评为百名致富带头人，1998年被提名为京郊十大新闻人物，1997～2008年被大石窝镇党委、政府评为十佳致富明星户，2004年12月被北京市科学技术协会、房山区科协技术协会评为全国科普示范区科技示范户。

9月正是菱枣成熟季节，纯朴热情的村民欢迎您到藏经纳宝之地、祈福迎祥之所“踏秋赏月摘菱枣，观山看景赏民俗”。

采摘时间：　4月中旬—10月底

联系人：　　王文强

联系电话：　61382972　13522264191

乘车路线：　天桥乘张坊917路→六里桥→房山转乘12路中巴→夏庄村下车向南200米路西即到。

自驾车路线：　六里桥京石高速路→琉璃河出口→韩村河路→周张路→云居寺路口→后石门村北“乡韵小苑”即到。

房山大石窝三岔村菱枣采摘园

菱枣原产于云居寺古刹北侧，后经多年的精心培育孕育而生，属稀有品种，是极其宝贵的果品资源。该枣果肉甜脆、汁多、味浓，营养丰富，含糖量居各类果品之首，且含铁、磷、钙等多种矿物质。每100克菱枣含热量531千焦，含蛋白质4.5%，含维生素C500－700毫克，维生素P3000毫克。该产品具有补血养气，安神养脾，平胃通窍之功效。具有较高的营养价值。

目前全村有菱枣面积3000亩，年产菱枣10万公斤以上。该产品已通过国家绿色食品有机食品认证，2007年获2008年奥运会推荐果品称号。

采摘时间：　9月1日—10月20日

联系人：　　王宏存

联系电话：　61389491　13716749740

乘车路线：　六里桥乘张坊917路京石高速路→琉璃河出口→韩村河路→周张路→大石窝路口下车→向北5公里即到三岔村；良乡或房山乘12路中巴→夏庄村下车向北3公里即到三岔村。

自驾车路线：　六里桥京石高速路→琉璃河出口→韩村河路→周张路→云居寺路口→夏庄村向北3公里即到三岔村。

桂龙观光采摘园

桂龙观光采摘园位于北京市房山区青龙湖镇北车营村东桥北。该园地处山前暖区的浅山丘陵地区，水质、土壤、气候等自然条件独特，极适合杏树、桃树和枣树等栽培。果园面积150亩，主要栽培树种有杏树60亩、枣树60亩、梨树10亩、桃树15亩、柿树5亩。杏树主栽品种有串铃、桃杏（白桃杏、红桃杏、黄桃杏三个品种）、蜜陀罗等。本品种适应性强，耐瘠薄，在山区，无论阳坡、阴坡、平地均可正常生长结果，栽培历史悠久，抗风、抗寒性强。其果实外形美观，色泽艳丽，果个大，品质优良，耐储运，

既可生食，又可加工成果脯和罐头，是当地著名的优良品种。枣主栽品种有菱枣、金丝小枣。北车营金丝小枣是当地著名的特产品种，深受消费者的欢迎。梨品种有京白梨和黄金梨。桃品种有久保和中华圣桃等。柿子品种为磨盘柿。

王桂龙同志1997年荣获北京市山区水利富民成绩突出贡献奖，1999年荣获房山区行业标兵，1998年荣获房山区山区水利富民综合开发先进农户，1999年荣获北京市水利富民先进个人，2000年、2002年荣获青龙湖镇致富带头人，2007年荣获房山区农村致富带头人，2008年荣获房山区农村工作先进个人。

采摘时间： 5月中旬—10月底

联系人： 王桂龙

联系电话： 60383239　13501309039

乘车路线： 六里桥乘917路→良乡转乘36路中巴北车营村东下车即到。

自驾车路线： 六里桥→京石高速赵辛店出口往西→王三路北车营村即到或京石高速阎村出口→坨里→北车营村。

焦各庄村特果采摘园

该果园位于北京市房山区青龙湖镇美丽的青龙湖畔——焦各庄村。面积300亩，经营的主要果树有樱桃120亩、杏60亩、桃50亩、苹果30亩、葡萄25亩、草莓10亩，果桑等。其中草莓、桃、果桑为设施栽培。年产各种水果12.5万公斤，年收入45万元以上，其中仅草莓一项收入达10万元以上。

该园拥有一支过硬的果树专业技术队伍，在栽培技术和管理上，严格按照市、区有关果品生产标准化基地和农产品安全优质卫生操作技术规程进行生产。在病虫害防治和肥水管理上，大力推广和使用高效低残留的生物农药和生物有机肥料，减少化肥使用量和用药次数，以确保产品的安全、优质卫生。2002年该园已注册“青龙湖”牌商标，并通过了安全食品检测和无公害食品认证，且参加了焦各庄村特果合作社。春季里大棚果桑、草莓、桃等将喜获丰收，可供社会观光、旅游、休闲、度假的游客采摘，也可提供批发、零售和团购等业务。欢迎各界朋友光临指导。

采摘时间： 5月中旬—10月上旬

联系人： 赵路

联系电话： 60321676　13671337266

乘车路线： 天桥乘917路→良乡北关下车换乘36路中巴→焦各庄村下车即到。

自驾车路线： 六里桥→京石高速良乡机场出口→良坨路→青龙湖水上游乐园→焦各庄村即到。

口头村磨盘柿观光果园

口头村磨盘柿观光果园位于北京市房山区青龙湖镇西南1公里，距京西明珠青龙湖4公里，距西六环10公里。口头村地处山区与平原交界处，属燕山山脉的最东端。

该果园于2001年在村北建成，是北京市标准化种植基地，主要树种为柿树，其主栽品种为磨盘柿，面积1000亩，33000余株，可年产鲜柿40～50万公斤，年收入35万元。

果园地处山前暖区的最佳生长范围之内，水质、土壤、光照等自然条件好，且有一支过硬的果树专业技术队伍。在栽培管理上，严格按照国家有关果品生产标准化基地和农产品安全优质卫生操技术作规程进行生产。该园生产的柿果大，品质优良，色泽艳丽，清汤多汁，味甘甜，平均单果重250克，最大单果重450克。成熟的柿果非常香甜，是馈赠佳人的上品。2002年该园已注册“青龙湖”牌商标，并通过了安全食品检测和无公害食品认证。

采摘时间： 10月份

联系人： 王文

联系电话： 80378434　13716877380

乘车路线： 天桥或六里桥乘河北支线917路或乘赵公口971路→京石高速路→房山出口→闫村路口→坨里南站→向南行1.5公里即到口头村。良乡乘43路中巴→口头村下车即到。

自驾车路线： 六里桥→京石高速公路→良乡→闫村路口→坨里→坨里南站向南行驶1.5公里即到口头村。

青龙湖漫水河王建全观光采摘园

该园位于北京市房山区青龙湖镇漫水河村，地处“山前暖区”浅山丘陵地区的大石河流域，其水质、土壤、气候等自然条件优越，昼夜温差大，交通便利，极适合发展各种果品。果园面积30亩，主栽树种为柿树，另有苹果树、桃树、李子树、杏树、枣树和核桃树等。其主栽品种为磨盘柿、红富士苹果、菱枣、久保桃等。鲜果产量7500公斤以上，其中磨盘柿5000公斤，收入3.5万元以上。

该园内除少数柿树为成年树以外，大部分果树都是近几年新植的幼树和初结果树约2000余株。在栽培管理当中，按照上级主管部门和国家有关技术规程和要求进行生产，逐步推广有机化栽培。通过几年的土壤改良，增施有机肥和压绿肥，冬、夏季修剪，用杀虫灯和生物农药进行病虫害综合防治等综合性技术措施，果品质量和品质明显提高，优质果率达到了70%，深受广大消费者的欢迎。2002年该园注册“青龙湖”牌商标，并通过了安全食品检测和无公害食品认证。本园为“房山磨盘

柿”地理标志产品保护范围之一，2008年10月“房山磨盘柿”被中华人民共和国国家质量监督检验检疫总局和中国国家标准化管理委员会批准为中华人民共和国国家标准地理标志产品保护，并取得“房山磨盘柿”地理标志产品专用标志使用证书。欢迎社会各界朋友前来观光采摘。

采摘时间：　6月下旬—10月底

联系人：　王建全

联系电话：　60384290　15910415882

乘车路线：　天桥乘河北庄917支线→六里桥→京石高速路→良乡→闫村路口→坨里→漫水河站下车→向西南行1公里即到。

自驾车路线：　六里桥→京石高速路→良乡→房山出口→闫村路口→坨里→漫水河村即到。

青龙湖晓幼营村磨盘柿基地采摘园

该基地位于房山区青龙湖镇晓幼营村，占地面积1000亩。该村的柿树栽培历史悠久，有百年生的成年大树上千株，品种为磨盘柿，年产柿子50万公斤以上。所产磨盘柿，品质好，果个大，平均单果重250克，最大单果重475克。成熟后为橙红色，表面细腻，果肉乳黄色，硬柿肉脆，软柿汁多，味甜，果实无核，营养丰富，有很好的保健功能。

该村果园在各级林业部门的指导下，通过精心管理，提高了果品质量，精品率达到90%以上。2000年经区技术监督局检测，被评为“无公害产品”。2002年被区林业局确定为磨盘柿标准化基地。2003年被市林业局授予“北京市农业标准化基地”。果园的服务宗旨是：客户至上，信誉第一，让客户满意，让客户放心，欢迎有识之士前来观光采摘。

采摘时间：　10月份

联系人：　魏光明

联系电话：　60302485

乘车路线：　六里桥乘917路公交车→良乡或房山转乘6路中巴→晓幼营村下车即到。

自驾车路线：　六里桥→丰台→云岗→南四位红绿灯路口→往北2公里即到。

张坊大峪沟村磨盘柿观光采摘园

大峪沟村磨盘柿观光采摘园位于房山区张坊镇大峪沟村，面积1000亩，9万余株。品种为磨盘柿，年产柿子100万公斤左右。

大峪沟村栽培磨盘柿历史悠久，是中华人民共和国农业部定点柿子生产基地，被誉为“中国磨盘柿第一村”。2004年被授予“中国磨盘柿第一村”，2007年房山磨盘柿获得国家地理标志产品保护，2007年通过了有机柿子转换期认证并获奥运推荐果品一等奖。

采摘时间：　10月份

联系人：　朱茂银

联系电话：　61337535　13717619029

乘车路线：　六里桥乘张坊917路或房山乘12路中巴到大峪沟村口下车即到。

自驾车路线：　六里桥→京石高速→琉璃河出口→韩村河路→周张路→大峪沟村即到。

张坊大峪沟村杨耐阁磨盘柿采摘园

杨耐阁磨盘柿采摘园是知名柿树专家张明德与北京市林果乡土专家杨耐阁共建的柿子观光采摘示范园。

房山区于2001年被国家林业局授予“中国磨盘柿之乡”，同年房山区磨盘柿荣获全国果品展“中华名果”称号。杨耐阁磨盘柿采摘园地处房山磨盘柿的传统产区张坊镇，有磨盘柿470株，其中成年大树84株，年产柿子2.5万公斤以上。该园选送的磨盘柿在2004年10月18日举办的“北京名果大家评”柿子专场评比大赛中获磨盘柿评比一等奖，并于2007年通过了有机柿子转换期认证，获奥运推荐果品一等奖。

采摘时间：　10月份

联系人：　杨耐阁

联系电话：　61337535　13717619029

乘车路线：　六里桥乘张坊917路或房山乘12路中巴到大峪沟村口下车向北2公里即到。

自驾车路线：　六里桥→京石高速路→琉璃河出口→韩村河路→周张路→大峪沟村向北2公里即到。

张坊林场磨盘柿基地

该林场占地面积150亩，有柿树3000余株，品种为磨盘柿，年产柿子3万公斤。

该林场隶属张坊镇，是张坊镇的重点科技示范园。2007年房山磨盘柿获得国家地理标志产品保护。2007年通过了有机柿子转换期认证并获奥运推荐果品一等奖。

采摘时间：　10月份

联系人：　　杨景广
联系电话：　61339871
乘车路线：　六里桥乘张坊917路或房山乘12路中巴到大峪沟村口下即到。
驾车路线：　六里桥→京石高速→琉璃河出口→韩村河出口→韩村河路→周张路→大峪沟村口即到。

三合庄村姜春生磨盘柿观光采摘园

三合庄村姜春生磨盘柿观光采摘园，地处享有“中国磨盘柿之乡”美誉的房山区张坊镇的西北部山区。占地面积为120亩，有柿树800余株，其品种为磨盘柿。2007年“房山磨盘柿”获得国家地理标志产品保护。2008年10月“房山磨盘柿”被国家质检总局和国家标准化管理委员会批准为中华人民共和国国家标准地理标志产品保护。

该园自1997年承包管理以后，通过多年的土壤改良、垒果树大，年施有机肥和压绿肥各两次，冬、夏季修剪，病虫害综合防治等科学技术管理，其果实极大，平均单果重250克，最大单果重460克，且含糖量高，耐储运。经过多年的精心经营和管理，现已进入盛果期，年产量鲜柿3万公斤，年纯收入3万元。其销售方式主要通过观光采摘和“北京张坊联农磨盘柿专业合作社”组织统一销售。2001年该园所产磨盘柿荣获全国果品展“中华名果”称号。

采摘时间：　10月份
联系人：　　姜春生
联系电话：　61336378　13693535621
乘车路线：　天桥或六里桥乘张坊917路→张坊总站→转乘45路中巴→三合庄村下车即到。
自驾车路线：六里桥→京石高速路→琉璃河出口→韩村河路→周张路→仙栖洞方向→三合庄村即到。

张坊三合庄村隗合军磨盘柿采摘园

该示范园位于房山区张坊镇三合庄村，占地面积为30亩，有柿子树105株，其中成年大树84株，品种为磨盘柿，年产柿子1.5万公斤以上。

2001年该园所产磨盘柿被北京张坊联农磨盘柿专业合作社送往哈尔滨参加全国果品展，并荣获“中华名果”荣誉称号。2000年荣获“磨盘柿金杯奖”二等奖，并获房山区柿树管理一等奖。2004年获房山区柿树管理二等奖，同年又获“北京名果大家评”柿子专场评比三等奖。

采摘时间：　10月份

联系人：　隗合军

联系电话：　61336676　13717503922

乘车路线：　六里桥乘张坊917路至张坊总站转乘85路至三合庄村即到。

自驾车路线：　六里桥→京石高速路→琉璃河出口→韩村河路→周张路→仙栖洞方向→三合庄村。

张坊三合庄村姜德金磨盘柿采摘园

该示范园位于房山区张坊镇三合庄村，占地面积为10亩，有柿子树230株，其中成年大树160株，品种为磨盘柿，年产柿子2万公斤以上。

该园通过多年的精心管理，坚持采用常年扩压绿肥，柿子果实个大、味美，在周边地区小有名气，在2004年10月18日举办的“北京名果大家评”柿子专场评比大赛中荣获磨盘柿评比一等奖。2007年通过了有机柿子转换期认证，并获奥运推荐果品一等奖。

采摘时间：　10月中下旬

联系人：　姜德金

联系电话：　61336711　13436873850

乘车路线：　六里桥乘张坊917路至张坊总站转乘85路中巴至三合庄村即到。

自驾车路线：　六里桥→京石高速路→琉璃河出口→韩村河路→周张路→仙栖洞方向→三合庄村即到。

张坊北白岱村玉波采摘园

玉波采摘园位于张坊镇北白岱村，面积18亩，其中有柿子树200余株，品种为磨盘柿，年产鲜柿1万公斤以上。

该园由于地处“山前暖区”的最适地理位置，通过科学管理所产柿果极大，平均单果重280克，最大达500克以上，果实皮薄、色艳、汁清、味甜、品质极上。2004年被市科协评定为“科技示范户”，2006年被张坊镇政府评为“科技致富带头人”。果园除磨盘柿外，还有李子树200株，红富士苹果200株，年产苹果7000公斤。由于地理环境优越，加之实行标准化等科学管理，并全部实行疏花疏果、果实套袋技术，所产果品品质极佳，口味独特。

采摘时间：　6月中旬—10月上旬

联系人：　方桂明

联系电话：　61331547　13693504812　13552713968

乘车路线：　天桥乘917路至张坊或良乡换乘12路中巴白岱村往西200米，云居寺前方三公里处即到。

自驾车路线：　六里桥→京石高速→琉璃河出口→韩村河→周张路（即去十渡旅游线）至启明园林公司往西即到。

瓦沟村磨盘柿观光采摘园

瓦沟村磨盘柿观光采摘园，位于北京市房山区张坊镇瓦沟村。面积1900亩，有磨盘柿20000余株，其中盛果期大树8000余株，可年产鲜柿35万公斤，最高年产60万公斤。“房山磨盘柿”因果实缢痕明显，位于果腰，将果肉分成上下两部分，形似“磨盘”而得名。至今已有630余年的栽培历史。该村地处“山前暖区”，是磨盘柿生产的最佳区域。通过科学管理，柿果极大，平均单果重250克，最大单果重500克。其果实色艳、皮薄、汤清、汁多、无核、味甘甜，品质上，宜鲜食，易脱涩，耐贮运。

采摘时间：　10月10日—11月10日

联系人：　郭志仓

联系电话：　13716832032　13511024424

乘车路线：　六里桥东乘张坊917路→房山→张坊→转乘45路中巴到瓦沟村。

自驾车路线：　六里桥→张坊镇→仙栖洞路口→瓦沟村。

长沟北正村核桃观光采摘园

北正村薄皮香核桃观光采摘园，位于北京市房山区长沟镇北正村北。该园始建于2002年3月，占地面积400亩，有核桃树1.3万余棵。其中成年树3000余棵，可产核桃7500公斤左右。

采摘时间：　9月中下旬

联 系 人：　康继国

联系电话：　61319566　61318299　61328128

乘车路线：　六里桥乘张坊917路→良乡→房山→长沟镇→北正村向北500米即到。

自驾车路线：　六里桥→京石高速路→琉璃河出口→韩村河路→周张路→长沟镇→北正村即到。

长沟北甘池优质核桃示范基地

该园位于房山区长沟镇北甘池村北丘陵缓坡地，树种为早实类薄皮核桃， 2002年定植，占地面积1610亩，7万余株。其品种主要有辽宁1号、辽宁4号、辽宁7号和晋龙等品种。

通过采取各项综合管理技术措施，该园技术管理水平显著提高，经济效益明显，平均亩效益2500元以上。2005年经国家工商行政管理总局商标局注册“胜龙泉”牌商标。2007年取得了北京五洲衡通认证有限公司认证的有机核桃转换期证书。同年获2008北京奥运推荐果品。

采摘时间： 9月份

联系人： 王德军

联系电话： 61360584 13693240029

乘车路线： 六里桥乘张坊917路到良乡或房山改乘12路中巴到北甘池村下车向北500米即到；乘15路中巴到玉山驾校下车向南200米即到。

自驾车路线： 六里桥→京石高速路→琉璃河出口→韩村河路→到玉山驾校下车向南200米即到。

上石堡“青峰苑”精品核桃观光采摘园

“青峰苑”精品核桃观光采摘园位于房山区霞云岭乡上石堡村。该村四周群山环绕，风景优美，在林业部门的大力支持下，从2001年开始栽培栽植早实类薄皮核桃，种植面积已达到800亩，3.52万株，其主要品种有薄壳香、香玲、辽宁1号、辽宁2号、中林和鲁光等优良品种。2003年被评为市级标准化基地。2004年被评为全国科普示范基地。2007年9月份取得了北京五洲衡通认证有限公司认证的有机核桃转换期证书。同年获2008北京奥运推荐果品称号。

采摘时间： 9月上中旬

联系人： 郑珍保

联系电话： 60367359 13716815378

乘车路线： 良乡或房山乘中巴→河北镇→佛子庄乡→霞云岭乡→上石堡村即到。

自驾车路线： 良乡或房山→河北镇沿108国道→佛子庄→长操→贾裕口→霞云岭→行13里即到上石堡村。

6 通州区

果树与旅游资源简介

通州区地处北京东南郊，全区果树面积9万亩，主要分布在潮白河、北运河流域的西集、宋庄、张家湾等乡镇，树种包括樱桃、葡萄、苹果、梨、桃、杏、李等，从业人员近万人，年果品产量7000万公斤，产值突破2亿元，其中樱桃、葡萄生产在全市居于前列。每年从采摘日光温室草莓开始，到4月的葡萄、5月中旬的樱桃、6—8月的桃、李、葡萄，再到9—10月的梨、苹果，采摘时间约10个月。每年到通州采摘的游客达20万余人次，年采摘收入达3000万元。

通州区自执行林果乡土专家行动计划以来，确定了20名乡土专家，遍及全区各个乡镇，通过市、区各级主管部门的指导，充分发挥了林果乡土专家带动作用，增强了通州区果树产业的整体竞争力。在果品品牌上，重点巩固发展“垛子”及“白凤”桃、“里扎马特”葡萄、“布拉”樱桃等唯一性特色果品。2007、2008年5月份分别举办过一次“通州区樱桃评比活动”，2008及2009年两年，共举办桃树、梨树、樱桃夏季、冬季修剪擂台赛5次，并聘请中国农业大学、北京市果林所专家作为指导老师，以利于提高乡土专家技术管理水平。

通州区历为京东交通要道，漕运、仓储重地，享有“一京（北京）二卫（天津）三通州”之称。大运河贯穿通州，将通州同北京紧密联系在一起。运河作为通州区内最具历史文化价值的旅游资源，积淀了通州人文旅游资源的深厚底蕴。

按照《通州新城运河城市段规划》，以“岛影、塔影、楼影和树影”的设计观念，以北运河和运河文化为主线，以运河文化为魂、水为体，依托新城建设带动各乡镇旅游发展，形成“一心、一带、四片区”，即城市中心旅游区、北运河文化旅游带及北部康体时尚文化休闲片区、东部生态农业与郊野湿地休闲片区、中南部运河文化与农业休闲片区、西南商务物流与产业观光片区，构建通州新城的核心旅游带，使游客充分体验运河古城风情，观赏通州新城风貌。

通州区交通便利、土地肥沃，果农善良好客，热情欢迎各界人士到通州来“寻运河古韵、品通州名果”。

通州区林果乡土专家果园分布图

序号	姓名	所在区县、镇村	果园名称
1	崔莲玉	通州区宋庄镇翟里村	北京二十一世纪农场
2	唐玉海	通州区宋庄镇翟里村	北京通达种植园
3	赵玉霞	通州区宋庄镇师姑庄	北京华平生态种植有限公司
4	范春林	通州区漷县镇北寺村	北京吉鼎立达公司果园
5	武顺岩	通州区漷县镇漷县村	北京澳香苑种植园
6	李绍旺	通州区张家湾镇大北关	北京葡萄大观园
7	李铁朋	通州区张家湾镇上店村	北京京州园艺场
8	江寒青	通州区西集镇沙古堆村	北京红樱桃园艺场

续 表

序号	姓名	所在区县、镇村	果园名称
9	曹立国	通州区西集镇沙古堆村	立国种植园
10	贾光红	通州区西集镇郎西村	西集胜红种植园
11	金克宝	通州区西集镇老庄户	西集老庄户樱桃园
12	刘代军	通州区西集镇儒林村	北京市上林苑种植园
13	张宝岚	通州区西集镇和合站村	北运河和合站果品基地
14	赵福明	通州区永乐店镇胡村	永乐店光明果树专业合作社果园
15	沈德旺	通州区永乐店镇熬硝营	北京永乐店贡枣合作社
16	李松江	通州区漷城镇武窑村	通州武窑松江果园
17	郭旭宝	通州区漷城镇岔道村	北京玉宝果园
18	杨金玲	通州区漷城镇黎辛庄村	通州金玲果园
19	阎春伶	通州区台湖镇台湖村	台湖第五生产队采摘园
20	岳福禄	通州区于家务乡北辛店	通州福禄苹果园

北京二十一世纪农场

北京二十一世纪农场位于通州区宋庄镇翟里村，果园面积350亩。主栽树种梨，以生产韩国梨系列品种的圆黄、华山、晚秀为主，以生产大型果实为目标。主要销售以在京的韩国人为主。力求生产优质、无公害、安全食品。2007年通过了奥运推荐果品检测。

采摘时间：　8月上旬—10月下旬

联系人：　崔莲玉　崔莲花

联系电话：　89574851　13716072424　13911885582　13911155559

乘车路线：　通州小3路大庞村站东行1000米路南。

自驾车路线：　六环路徐辛庄出口东行1000米南侧，通顺路徐辛庄路口东行2公里路南。

北京通达种植园

北京通达种植园位于宋庄镇翟里村，果园面积180亩，主栽梨品种为圆黄、绿宝石、五九香、巴梨。采用无公害技术，果品通过奥运认证，通州区科委、果协和宋庄镇科普示范基地。

采摘时间：　8月上旬—10月下旬

联系人：　唐玉海　田树芹

联系电话：　89571115　13520801270

乘车路线：　通州小3路大庞村站东行1000米路北200米。

自驾车路线：　六环路徐辛庄出口东行1000米往北200米路西，通顺路徐辛庄路口东行2公里往北200米。

北京华平生态种植有限公司

北京华平生态种植有限公司位于通州区宋庄镇师姑庄村，面积200亩，有桃、樱桃、枣，并有有机蔬菜种植，柴鸡养殖。果品实行高光效栽培，已申请有机认证。

采摘时间：　5月20日—8月底

联系人：　赵玉霞　胡劲松

联系电话：　15110075587　13701398235

乘车路线：　北京站乘930白庙站往南1500米。

自驾车路线：　通州运河东大街东端左转走潮白河大堤北行2000米右转即到。

北京吉鼎立达公司果园

北京吉鼎立达公司果园位于通州区漷县镇北寺村，面积800亩。苹果品种有红富士、红星、丹霞，并为亚洲地区最大蕨类花卉生产基地，果品通过奥运认证。

采摘时间：　8月上旬—10月下旬

联系人：　范春林　谢松力

联系电话：　69560184　15910283911　13901247946　13701010638

乘车路线：　大北窑南乘938支1到北堤寺站。

自驾车路线：　京津塘高速2号线德仁务出口至永乐店西1.5公里即到。

北京澳香苑种植园

北京澳香苑种植园位于通州区漷县镇漷县村，占地200亩，有桃、葡萄、枣、苹果，已获绿色证书，正申请有机栽培认证，并设有垂钓鱼池和农家饭。

采摘时间： 5月15日—12月底

联系人： 武顺岩　卢志敏

联系电话： 13301136261　80586676

自驾车路线： 京沈高速11号出口右转走京津公路到长陵营右转至漷县向南1000米。

北京葡萄大观园

北京葡萄大观园位于通州区张家湾镇大北关村，面积175亩。葡萄品种有京秀、红双味、粉红亚都蜜、里扎马特、美人指、无核早红，另外还有金硕油桃、瑞蟠4号蟠桃。果园从美国、日本、罗马尼亚、意大利及国内引进大量葡萄新品种，被列入华北地区、北京地区葡萄科普示范园，是京郊真正的葡萄大观园。已通过有机认证。

采摘时间： 5月上旬—10月上旬

联系人： 李绍旺　郭金亮

联系电话： 69587298　13521330826　13511020868

乘车路线： 938支1支2到葡萄大观园站东行200米。

自驾车路线： 京津公路土桥向南走张采路葡萄大观园东行200米。

北京京州园艺场

京州园艺场位于通州区张家湾镇上店村，果园面积210亩。栽培樱桃品种有意大利早红、红灯、布拉、红艳，桃有春艳、早凤、京红、久保，苹果有红富士、红星、嘎拉，杏有玉巴达、香白杏。全园实行无公害栽培，果品通过奥运认证。

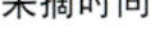

采摘时间： 6月中旬—10月中旬

联系人： 李铁朋　李纯英

联系电话： 69571859　13911634295

乘车路线： 北京站938路上店站。

自驾车路线： 京津公路上店村口前行100米路北。

北京红樱桃园艺场

北京红樱桃园艺场位于通州区西集镇沙古堆村，面积120亩。樱桃品种有红灯、早大果、先锋、美早、雷尼，李子有大石早生、布朗、摩尔特尼、安哥诺，通过果品奥运认证，果园已进入有机栽培期，其中樱桃大棚栽植面积12亩，在“五一”前可采摘。果实成熟早、品质极佳。2007、2008年连续两年在通州区樱桃果实评比中荣获冠军。

采摘时间：　5月上旬—10月中旬

联系人：　方涛　江寒青

联系电话：　61559947　13121347366　13718716318

乘车路线：　大北窑乘938支线通运驾校站。

自驾车路线：　京沈高速第11号京塘路出口，东行500米南区、北区。

立国种植园

种植园位于通州区西集镇沙古堆村，面积37亩，栽培树种为樱桃，品种有红灯、红蜜、雷尼等。

采摘时间：　5月下旬—6月中旬

联系人：　曹立国

联系电话：　61558583　13716595601　13716525105

乘车路线：　大北窑南乘938支线（香河）通运驾校站北侧1公里。

自驾车路线：　京沈高速第11号京塘路出口东行500米向北1公里。

西集胜红种植园

该种植园位于通州区西集镇郎府村，依托北运河，占地面积110亩。果园于1994年建园，种植树种有苹果、桃、李等。其中苹果品种有红星、红津轻、红富士，桃有早美、早蟠、早凤王等，李子有布朗、密斯李、拉罗达、龙圆等。

果园近几年通过实施果园生草，果实套袋，树体更新改造等措施，提高果品品质，增加果园效益，扩大果园知名度，使该园成为北京市市级、区级好字号基地。果品已获奥运推荐果品证书，且已进入有机栽培期。

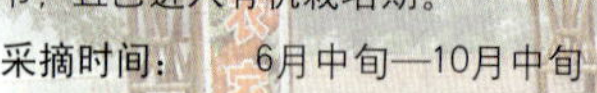

采摘时间：　6月中旬—10月中旬

联系人：　董宗胜　贾光红

联系电话：　61558591　13641054221　13651159942

乘车路线：　大北窑938支线在锅炉厂下车，电话联系可接送。

自驾车路线：　京沈路郎府村出口，右转向西或京津公路苏庄南加油站往东，过榆林庄闸上堤右转500米。

西集老庄户樱桃园

西集老庄户樱桃园位于通州区西集镇老庄户，共有400亩初果期幼树，另有20亩苹果、10亩杏已进入有机栽培期。

采摘时间：5月下旬—10月中旬

联系人：金克宝

联系电话：13716831492　61550515

乘车路线：大北窑南乘938支线（香河）小辛庄下车向南2公里。

自驾车路线：京沈高速漷县出口东行2000米，向南1500米即到。

北京市上林苑种植园

北京市上林苑种植园位于通州区西集镇儒林村，占地24亩，主栽樱桃，曾获奥运推荐果品一等奖、二等奖各一次。

采摘时间：5月20日—6月20日

联系人：刘代军

联系电话：13436365673　61553912

乘车路线：大北窑南乘938支线（香河）通运驾校下车往南1000米。

自驾车路线：京沈高速11号出口，走通香路东行1000米过大桥右转延北运河东大堤向南1000米。

北运河和合站果品基地

该基地位于通州区西集镇和合站村，占地面积1200亩，主要树种有苹果、桃、葡萄等。苹果品种为红星、乔纳金、红富士，桃为春蕾、早凤、久保、京玉、京艳等，葡萄为巨峰、意大利等。

该园区依托北运河果品观光产业带，近几年通过加强树体改造，增施有机肥，并实施生物防治技术，使果园生态、经济效益明显改观，果实品质明显提高，通过检测果实获得奥运推荐果品证书。果园已通过有机认证，进入有机栽培期。

采摘时间：6月中旬—10月中旬

联系人：张宝岚　张连祥

联系电话：61576682　13552000678　13552969679

乘车路线：北京站前街938支4经通州区新华大街到曹刘站，联系接送。

自驾车路线：京沈高速路西集向南3公里，沙古堆西口，通运驾校向南走运河左堤直行6公里到和合站三闸左侧。

永乐店光明果树专业合作社果园

该合作社位于通州区永乐店镇胡村，果园面积200亩。主要树种有桃、梨、杏、苹果、葡萄等。其中桃品种有早魁、京红、京玉，梨品种有五九香、雪花、韩国梨。

果园采取的生产措施主要有树体改造、高接换优、果实套袋等无公害果品生产管理技术。果品已获得奥运推荐果品证书。

采摘时间： 6月中旬—11月中旬

联系人： 赵福明　龚德云

联系电话： 80511272　13671242393　13241283910

乘车路线： 大北窑938支1胡村站往西1000米。

自驾车路线： 京津高速德仁务出口往南1000米，胡村口往西1000米。

北京永乐店贡枣合作社

北京永乐店贡枣合作社果园位于通州区永乐店镇熬硝营村，面积30亩，栽培枣品种有中华贡枣、冬枣、牙枣。产品通过奥运认证。全园施行无公害栽培。

采摘时间： 8月下旬—10月

联系人： 沈德旺　丁九敏

联系电话： 80511376　13521716515　13521760190

自驾车路线： 京津塘高速2号线德仁务出口，南侧3公里。

通州武窑松江果园

松江果园位于潞城镇武窑村西北运河东岸，占地面积54亩。园区始建于1985年，目前栽植树种主要有樱桃、桃、李、杏等。其中樱桃品种有布拉、红灯、意大利早红、早美、先锋等。桃以垛子、白凤为主。果园种植的传统桃品种"白凤"被评价为"可以用吸着吃，当饮料喝"，在如今人们经常抱怨"桃没桃味，杏没杏味"的年代，让市民尝到了久违的传统风味。2006年"白凤"桃在奥运推荐果品评比中荣获一等奖，获得"中华名果"称号。

该园目前为通州区精品果示范园之一，李松江作为该园负责人，已有二十余年从事果树生产的经验，生产技术经验丰富，在管好自己园子的基础上，服务于周边乃至其他区县果农，示范带动农户20户以上，辐射面积达到2000亩以上。

采摘时间： 5月中旬—9月

联系人：　　　李松江　李猛

联系电话：　　52662518　52332505　13521322098　13693018155

乘车路线：　　北京站东938路支5、大北窑南938支线到武窑站向东500米。

自驾车路线：　京津公路武窑岔口东行1000米，往南200米即到。

北京玉宝果园

北京玉宝果园位于通州区潞城镇岔道村，有44亩樱桃，曾获奥运推荐果品一等奖、二等奖各一次。

采摘时间：　　5月15日—6月15日

联系人：　　　郭旭宝

联系电话：　　13021927935　61521875

乘车路线：　　北京站乘938支4甘棠政府下车西行1000米。

通州金玲果园

该园位于通州区潞城镇黎辛庄北运河左岸，面积20亩，主要树种有樱桃、李子，樱桃品种有红灯、红蜜、那翁等，李子以金太阳品种为主。

果园微沙质土壤，适合樱桃栽培生长。近几年通过采取果园生草、施用生物有机肥，并进行树形改造，设置防雹网等措施有效改善果园生态环境，提高了果实品质，樱桃果品在通州区首届樱桃果品评比擂台赛中荣获二等奖。

采摘时间：　　5月—6月下旬

联系人：　　　杨金玲　王国华

联系电话：　　89582052　13671186143　13651024346

乘车路线：　　北京站前街938支4经通州区新华大街到黎辛庄站下车，向村南1000米。

自驾车路线：　通州城运河东大街大营生态园南大堤里侧即到。

台湖第五生产队采摘园

台湖村第五生产队果品采摘园位于通州区台湖镇台湖村村南，占地面积1000亩，有葡萄、樱桃、梨、杏、桃、枣等树种。目前基地葡萄面积400亩，品种有黄意大利、美人指、信农乐等三十余种；梨树82亩，品种有绿宝石、红南果、黄金、大果水晶等十余种；樱桃、李子、杏、桃、枣、草莓等10余亩，另有三栋1000多平方米的日光温室。已完善基础设施建设，建成了钓鱼池、摸鱼池、捉蟹池及一个小型游乐园，1座星级厕所，新建彩砖环行路4800平方米，3500米长游览路线，一座240平米保鲜库，新打5眼机井及兴建小桥等等。所产果品注册了商标“京台”。 2006年进入有机果品转换期，现已正式进入有机栽培期。

采摘时间：　元月—12月

联系人：　阎春伶　李振慧

联系电话：　61536137　13911581395

乘车路线：　通州北苑976支乘小11路、小7路到台湖西口下车向南行500米。

自驾车路线：　京沈高速路过白鹿领卡站第一个出口出来，左拐第三个红绿灯左转，至第一个红绿灯右转300米左侧采摘园。

通州福禄苹果园

该园位于通州区于家务回族乡北辛店村西，大耕垡桥西侧，以苹果种植为主，品种主要为短枝红星（首红）和红富士，面积30亩。

近几年主要通过加强树体改造，增施有机肥，叶面喷施生物制剂等措施加强管理，并实行果园生草、果实套袋等栽培技术措施，以生产无公害优质果品为主，果品已成为奥运推荐果品。

采摘时间：　9月—11月初

联系人：　岳福禄　董淑海　岳彬

联系电话：　80532034　13439565504　15910275080

乘车路线：　四惠站938支2大耕垡桥下车西行100米再往北200米。

自驾车路线：　京津公路到张家湾开发区向市政府大街向南经张凤路到大耕垡桥向西100米，再往北200米。

7 顺义区
果树与旅游资源简介

顺义区果树面积10万亩，果品年产量7500公斤，年产值2.5亿元。主栽树种有苹果、樱桃、梨、葡萄等。建成了具有鲜明特色的五大区域化果品生产基地，以区东南部大孙各庄和张镇为中心的万亩优质鲜食葡萄基地、以区东部和东北部山前暖带为中心的二万亩红富士苹果基地、以南彩、高丽营、龙湾屯镇为中心的五千亩大樱桃基地、以北石槽、张镇为中心的五千亩小杂果基地、以潮白河两岸和东沙岗为中心的四万亩精品梨基地。

近几年，顺义区充分利用本区的区位优势、资源优势和经济优势，整合优化区域资源，将观光果园建设与旅游业紧密结合，打造五条特色果树旅游、休闲、观光、采摘带。结合燕京啤酒厂、林河工业开发区、马坡乡村高尔夫、跑马场、乔波滑雪场和奥运场馆，以牛栏山黄冠梨观光采摘园、北京喜邦樱桃采摘园、鑫泰丰农庄为龙头，打造潮白河旅游休闲观光采摘带。结合南彩地热开发、汉石桥湿地、良山滑雪场，以双河果园、人之初农业发展有限公司、九间棚农业科技园、彩虹庄园农业发展有限公司、顺彩新特果业种植中心等基地为龙头，打造顺平路旅游休闲观光采摘带。结合地道战、安利隆山庄、以裕龙湾精品梨观光采摘园、安利隆、山里辛庄樱桃谷为龙头，打造东山暖带旅游休闲观光采摘带。利用首都机场、空港工业开发区、花博会主场馆、北郎中市级民俗村、物流园区、会展中心的旅游资源，以意大利农庄、顺丽鑫果品观光采摘园、北石槽御杏园、垄上情农业发展有限公司为龙头，打造京密路—北运河旅游休闲观光采摘带。结合顺鑫绿色度假村、北京安联垂钓园的旅游资源，以新特果业发展中心、北务乾轩果园、华特果品合作社、锺城梨山采摘园为龙头，打造京平高速两侧旅游休闲观光采摘带。

展望未来，顺义果业发展前程似锦，.热忱欢迎全国各地朋友来顺义参观考察，旅游采摘，品尝鲜果，投资发展，共创美好明天！

顺义区林果乡土专家果园分布图

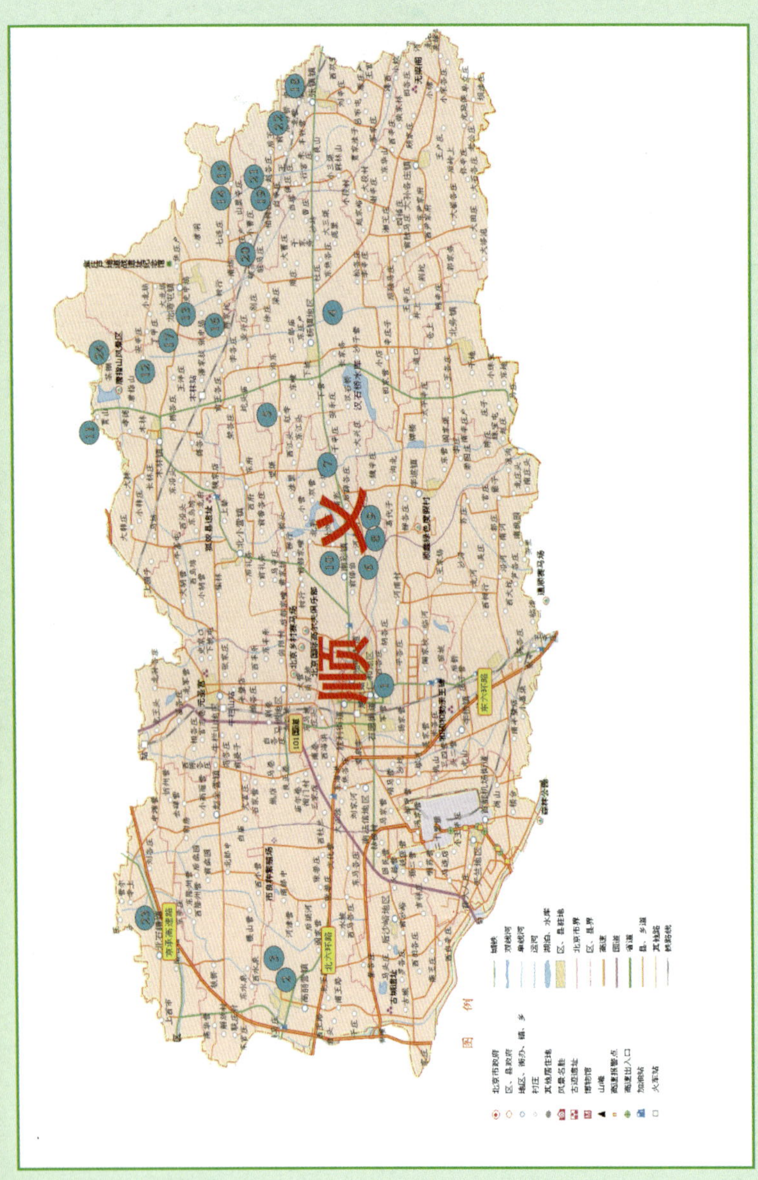

序号	姓名	所在区县、镇村	果园名称
1	李铁军	顺义区仁和镇米各庄村	鑫泰丰农庄
2	王志勇、杨朝峰	顺义区高丽营镇五村	顺嘉苗木花卉科技有限公司
3	刘占省	顺义区杨镇张家务	绿农苑果园
4	赵海荣	顺义区杨镇红寺村	北京绿泽果园
5	丁万库	顺义区南彩镇河北村	北京天天康乐果品产销合作社
6	郭维平	顺义区南彩镇于新庄	北京顺彩新特果林种植中心
7	宫福军	顺义区南采镇河北村	北京人之初农业发展有限公司
8	胡子玉	顺义区南彩镇河北村	北京市双河果园
9	孙际东	顺义区南彩镇河北村	彩虹庄园
10	张景元	顺义区木林镇贾山村	燕山果园
11	王进功	顺义区木林镇安辛庄	北京木林康乐采摘园
12	张月玲	顺义区龙湾屯镇龙湾屯村	绿色百果采摘园
13	杜树成	顺义区龙湾屯镇山里辛庄	樱桃谷采摘园
14	姚善旺	顺义区龙湾屯镇山里辛庄	姚善旺果园
15	王建国	顺义区龙湾屯镇张中坞	裕龙湾生态观光采摘园
16	朱艳明	顺义区龙湾屯镇丁甲庄	朱艳明果园
17	王聚荣	顺义区张镇张各庄村	北京永新源生态农业有限公司
18	张金旺	顺义区张镇赵各庄	北京金旺农业生态园
19	陈立福	顺义区张镇小槽庄	北京市兴绿发苗木种植场
20	阎秀敏	顺义区张镇赵各庄	东大道果园
21	杨和平	顺义区张镇北营村	和平果园
22	施登祥	顺义区北石槽镇西赵各庄	御杏园
23	殷凤利	顺义区木林镇茶棚村	北京茶佰利林果产销专业合作社

鑫泰丰农庄

鑫泰丰农庄是北京市定点观光采摘园，位于顺义城南5公里，仁和镇米各庄村，顺通路、顺义南二环路交界处，乘公交车及自驾车均可到达。采摘园面积220亩，种植果树17000余株，品种包括樱桃、甜李、梨、枣等。园内设有休息场所和风味餐厅，可同时容纳300人就餐。

“绿色、有机、健康”是我们永恒的追求。在这里，春您可享受踏青、赏花，享受美味的野餐、甜美的果实和无限绿色，是放松自我、愉悦身心的理想境地，也是您回归自然、体味亲情的最佳场所。

采摘时间：　5月—10月

联系人：　李铁军

联系电话：　89407216

乘车路线：　乘坐4路、17路、924路公交车、915支2，至山子坟下车西行200米。

自驾车路线：　京密路枯柳树环岛向顺义方向，至燕京桥右转3公里，至南二环路口即到。

顺嘉苗木花卉科技有限公司

北京市顺嘉苗木花卉科技有限公司位于顺义区高丽营镇五村村委会南1000米，占地面积155亩，主要种植的树种有：矮化粘苹果，各种西洋梨和樱桃。该园长期与北京农业职学院合作，采用最新和最科学的果树管理技术，在顺义区第一届樱桃擂台赛中该园的红灯品种荣获三等奖。各种果品都是无公害，纯绿色。完全通过国家认证的有机果品。

采摘时间：　5月—10月底

联系人：　王志勇　杨朝峰

联系电话：　13901328918　13552393451

乘车路线：　从东直门乘坐942到高丽营下车，向东1000米，加油站东侧路口即到。

自驾车路线：　从京承高速路至机场北线，到天北路出口驶出，向北第二个红绿灯向左200米即到。

绿农苑果园

绿农苑果园位于顺义区杨镇张家务村南，距顺平路3公里，面积100亩。主栽树种是大樱桃。

果园根据顺义区大樱桃发展的现状，引进了多个樱桃优新品种，同时果园管理中应用了增施有机肥、高光效树形、果园生草等有机化栽培技术，保证了果品的高品质和安全性。目前高效樱桃园正处于种植初期，但园区种植的红薯、各种绿叶蔬菜将满足市民多样化的需求。

采摘时间：　10月

联系人：　刘占省

联系电话：　13269309165

乘车线路：　东直门乘918杨镇下车转成顺18路张家务下车。

自驾车路线：　顺平路→木燕路下一个红绿灯右转1公里路东即到。

北京绿泽果园

北京绿泽果园位于顺义区焦庄户地道战遗址西南1公里处，占地500余亩，栽植黄金、元黄、红巴梨等十几种优质日韩梨，现已进入盛果期。

北京绿泽果园获得“北京市农业标准化生产示范基地”、“北京市观光采摘定点果园”、“顺义十佳果园”等多项荣誉称号，并被中国绿色食品总公司挂牌认定为果品定点生产基地，授权使用其“天地生”绿色食品标识。2006年由北京大陆桥公司完成认证，绿泽果园进入有机果品转换期。

绿泽果园从2002年开始与中国国旅、广之旅和中国职旅三家联合开展农业观光活动，与中国青少年研究中心、全国少工委共同创建“星星河”青少年体验教育基地，为青少年科普教育贡献着自己的光和热，实现了社会效益、经济效益双丰收。

采摘时间： 9月中—10月初

联系人： 董园园　赵海荣

联系电话： 60461721

乘车路线： 东直门长途汽车站直达焦庄户长途班车。

自驾车路线： 由京密路或京承高速转昌金路向东30分钟车程。

北京天天康乐果品产销合作社

北京天天康乐果品产销专业合作社成立于2005年，位于顺义区南彩镇，是一个果品联合社，以合作社+龙头企业+农户的合作模式开展各项活动。现有新特新葡萄产销合作社、绿泽果品产销合作社等八家分社，北京双河果园、彩虹庄园果园等百亩以上种植园九家，木林镇、龙湾屯镇等五个镇的150个散户，共带动农户1087户、果树种植面积23160亩。2007年初在国家工商管理局商标局注册了“果之杰”牌商标。

丁万库同志，作为顺义区优秀乡土专家，从事果树行业近50年，现为北京天天康乐果品产销专业合作社技术顾问，为顺义区果树产业及天天康乐合作社的发展做出了重大贡献。目前合作社已经形成了产前、产中、产后完整的服务体系，提高了果农的组织化程度，增强了果品走向市场的竞争力，明显增加了社员收入。合作社把分散的农户组织起来，使一家一户分散经营形成了规模经营，从而维护了果农的市场主体地位，增强了抗御市场风险的能力。合作社每年为社员销售果品200多万公斤，为社员调剂600万公斤果品进入市场。

采摘时间： 5月下旬—6月上旬（樱桃），8月—10月（葡萄，桃、李、梨、苹果）

联系人： 刘晶　丁万库

联系电话：　89477712

乘车路线：　东直门乘918或915路公共汽车，河北村下车即到。

自驾车路线：　可沿京密路到枯柳树环岛向东，沿顺平路到河北村即到。

北京顺彩新特果林种植中心

北京顺彩新特果林种植中心位于北京市顺义区南彩镇，占地180余亩，主要种植樱桃、树莓等果树。其中樱桃有6000余株，包含早红、拉宾斯、红灯、先锋、雷尼等十几个品种。在2008年北京名果擂台赛（樱桃专场）活动中，我中心荣获二等奖。果园已通过有机产品认证。

采摘时间：　5月20日—6月

联系人：　郭维平　郭蕊

联系电话：　13601222116

乘车路线：　东直门乘918路公共汽车顺义南彩于新庄路口下车向南步行100米即可到达。

自驾车路线：　经机场高速路或京顺路到顺义后沿顺平路向平谷方向，过彩虹桥向东5公里左右行至南彩镇于新庄路口（木林、龙塘路口）右转100米即到。

北京人之初农业发展有限公司

北京人之初农业发展有限公司，位于北京市顺义区新顺平路北，南彩镇河北村加油站西侧，距北京市区仅30公里，毗邻首都国际机场，交通十分便利。果园南面是潮白河，空气清新、水质甘甜、土壤肥沃，具有发展果树种植得天独厚的自然条件和经济优势。

果园总面积100亩，该园目前栽培树种有樱桃，品种有红灯、美早、意大利早红、红蜜、乌克兰系列等20多个。

采摘时间：　5月20日—6月20日

联系人：　彭红雨　宫福军　李全

联系电话：　89476823　13718860111

乘车路线：　东直门乘918或915路公共汽车，河北村站下车向南1000米即到。

自驾车路线：　机场高速公路→机场北线→新顺平路过彩虹桥2.5公里路北即到。

北京市双河果园

北京市双河果园位于顺义区南彩镇河北村，园区果树总面积1000亩，主要栽种樱桃，苹果，葡萄、油桃、杏等树种，百余个品种。各类果品早、中、晚熟品种齐全，成熟期可从每年五月份延续到十一月份。

双河果园作为北京天天康乐果品产销专业合作社的社员单位，致力于建设高标准、集成现代科技的示范样板园。目前全园已通过有机产品认证，获得北京市安全食用农产品证书，所生产的果品全部达到国家食品安全标准，并通过ISO9001质量管理体系和ISO14001环境质量国际认证。作为“好运北京”奥运水上项目测试赛的农产品供应备选基地，曾获得中华名果、北京市“十佳观光采摘园”等多项荣誉称号，并在北京奥运推荐果品、市级果品评比大赛中多次获奖。

采摘时间： 5月下旬—6月上旬（樱桃），8月—10月（葡萄，苹果）

联系人： 胡子玉

联系电话： 89477712　13901158774

乘车路线： 东直门乘915或918路公共汽车，河北村站下车向东100米路南即到。

自驾车路线： 机场高速公路→机场北线→顺平路向东河北村即到；沿京顺路到枯柳树环岛向东，沿顺平路到河北村即到。

彩虹庄园

彩虹庄园位于京郊顺义区南彩镇河北村，目前果园有标准化果品生产示范基地800亩，栽培树种有樱桃、梨，品种达二十余个，采摘期从5月下旬到10月下旬，园区有停车位200个，日接待能力2000人左右。

该园从2004年开始进行有机食品的认证工作，以有机的方式进行栽培和管理，在2005年7月前完成有机食品认证程序，进入有机栽培转换期。

该园目前总资产1000万元，职工100人，其中技术人员10人，还聘请中国农大、北京农学院、北京农林科院果树研究所专家7人，是北京市林业局重点技术扶持单位。

采摘时间： 5月20日—6月20日（樱桃），8月25日—9月15日（梨）

联系人： 孙际东

联系电话： 89478078

乘车路线： 东直门或三元桥坐918路河北村站下，路南侧。

自驾车路线：
1、顺平主路彩虹桥东2公里，河北村加油站对面。
2、机场高速顺义出口走顺平主路往东5公里。
3、京承高速后沙峪出口往东，到顺平主路往东5公里。

燕山果园

燕山果园始建于1987年，位于顺义区木林镇贾山村东燕山脚下。主要种植以梨为主，品种有黄金、丰水、雪花、砀山酥，年产量能达到20万斤。

果园产品绿色安全，口味纯正，深受广大客户的欢迎。

采摘时间：　　9月

联系人：　　张景元

联系电话：　　13716684008

乘车路线：　　东直门乘970至贾山村下车。

自驾车路线：　　顺密路→木林镇→贾山村村东山前路1500米即到。

北京木林康乐采摘园

北京木林康乐采摘园位于顺义区木林镇安辛庄村黍山脚下，面积80亩，年产果品（苹果、桃）40余万斤。

果园通过国家认证达到无公害果品标准，每年每亩果树施用农家肥（鸡、牛、羊粪）7－8方，果树专用肥300余斤。浇水用的是岩石井，水质非常好，属于偏硅酸低矿化度，弱碱性饮水。加上山前良好的气候，果品着色好，味道甜。

为方便广大客户观光采摘，果园设有招待室，可提供采摘休息场所。冬季有容纳10万斤果品窖。随时欢迎您前来观光采摘。

采摘时间：　　6月—10月

联系人：　　王进功

联系电话：　　60450620　15910278069

乘车路线：　　由东直门乘915路车至顺义区医院改乘顺义区骏马公司第36路公共车到安辛庄村。

自驾车路线：　　顺密路→木林镇→安辛庄村即到。

绿色百果采摘园

绿色百果采摘园位于顺义区龙湾屯镇龙湾屯村南水库西侧，树种有苹果、梨、杏、李，年产各种果品10万余斤。主栽品种圆黄、秋月梨、蓝宝石李子2007年被评为奥运推荐果品。

采摘时间： 6月10日—10月上旬

联系人： 张月玲

联系电话： 13717579281

乘车路线： 东直门到焦庄户村公交车、顺义区15路小公共，直接到达果园。

自驾车路线： 沿101国道至牛栏山路口右转，向东15公里即到龙湾屯镇；顺平路至木燕路道口，左转向北4.5公里，沿昌金路向东5公里；顺平路左转沿杜龙路到昌金路向北1公里左转500米即到。

樱桃谷采摘园

樱桃谷采摘园位于北京市顺义区龙湾屯镇东南部，樱桃600余亩。园区以红灯、早红、拉宾斯、红蜜等优良品种为主，都已进入结果盛期，年产量达10万斤。采摘园，三面环山，山前小气候明显，加之该地区未受任何污染，优质的矿泉水资源、肥沃的土壤和普遍使用的农家肥，使得该园樱桃肉厚、味浓、色泽艳丽，品质上乘，适口性好。

园区拥有9000平方米中型停车场一处及两处配套休闲设施，高标准卫生间两座，具有浓郁民族特色的竹牌楼一座和基本完善的电力设施。

采摘时间： 5月18日—6月28日

联系人： 杜树成

手机： 13716187024

乘车路线： 东直门到焦庄户村公交车、顺义区15路小公共汽车。

自驾车路线： 沿101国道至牛栏山路口，向东15公里即到；顺平路左转沿杜龙路到昌金路向东5公里即到。

姚善旺果园

姚善旺果园位于顺义区龙湾屯镇山里辛庄村东，面积50亩，栽培品种有富士、红星、乔纳金、北斗、王林。

近两年来果园推广实施了有机生产模式，开展了有机果品认证，并于2008年初通过有机认证。目前，果园已加入顺龙湾果品产销合作社，相信在合作社的大力支持下，果园将应用更多新技术，新方法，进一步提高科技含量，加大果品的附加值，增加果园效益。同时带动本社的果园产量及果品质量更上一层楼！

采摘时间： 8月—10月

联系人： 姚善旺

联系电话： 13681451572

自驾车路线： 顺平路至木燕路道口，左转向北4.5公里，沿昌金路向东10公里往北。

裕龙湾生态观光采摘园

裕龙湾生态观光采摘园位于顺义区龙湾屯镇张中坞，2002年由北京裕龙湾生态农业有限责任公司投资兴建，现有标准化果园500亩，果园内栽植各种优质日、韩梨，现已全部进入盛果期。

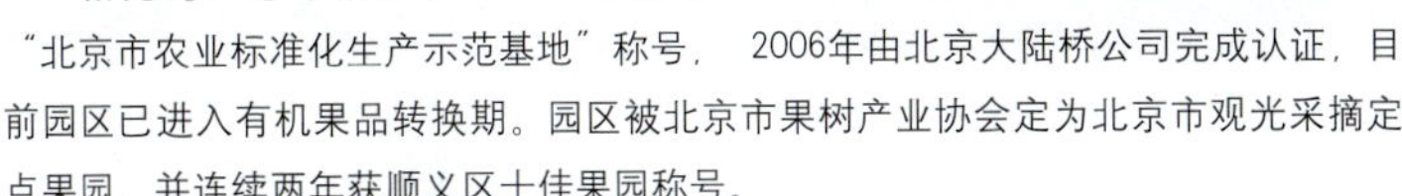

裕龙湾生态采摘园在2003年获得了“北京市农业标准化生产示范基地”称号，2006年由北京大陆桥公司完成认证，目前园区已进入有机果品转换期。园区被北京市果树产业协会定为北京市观光采摘定点果园，并连续两年获顺义区十佳果园称号。

采摘时间： 8月—9月

联系人： 王建国

联系电话： 13716137511

乘车路线： 东直门乘915南彩下车，转乘顺15路树行村下车北行1000米路西即到。

自驾车路线： 京承高速→白马路→陈坨村右转→树行村路口北行1000米即到。

果园位于顺义区龙湾屯镇丁甲庄，种植面积20亩，主栽品种有红星、乔纳金、富士等优系苹果品种，依靠自然而独特的山前小气候，矿泉水浇灌培养出独特的矿泉风味果品。2007年，由朱艳明发起成立了北京龙湾玉明果品产销专业合作社，并已进行了无公害果品的认证。目前，已有100多位从事果树种植的果农加入合作社，种植面积已达到1500亩。在专家的指导下，通过科学的管理，已成功的培育出了备受广大消费者欢迎的SOD、富硒、高钙等保健果品。同时，为广大市民开展了果品的观光、采摘、农活体验、果树认领等一系列的活动，欢迎广大市民前来游玩。

采摘时间：　9月—10月

联系人：　朱艳明　张银霞

联系电话：　13683070578　13716701463

乘车路线：　乘970、924、915路到顺义公园（东风小学南门）下车转乘36路公交车丁甲庄下车（村北500米）。

自驾车路线：　顺义→木林往东3公里丁甲庄村北。

北京永新源生态农业有限公司

北京永新源生态农业有限公司位于北京市顺义区张镇，是由北京汇源果汁集团公司于2002年规划开发的，是一家以引进国外新品种水果的实验示范基地，以名优果品种植为主，集吃、住、行、游、娱、采摘为特色的都市型观光农业企业。

公司被北京市果树产业协会认定为“北京市定点观光采摘果园”“顺义区十佳果园”，是北京市农业标准化示范基地。2005年通过了ISO9001质量管理体系和ISO14001环境管理体系认证。2006年通过了有机果品检测。2007年申报国家级农业标准化示范基地。2006年8月、2007年北京奥运推荐果品综合评选活动评比中，公司选送的蛋黄李、蓝色妖姬李和树莓阿甜蜜分别荣获三等奖，红莓诺娃荣获一等奖。作为中国林科院实验示范基地，被评为国家“948”工程引进最成功项目之一。

公司现有枣树园400亩、苹果园200亩、黑莓、红莓、黄莓等多个品种的树莓园500亩、杏园60亩、李子园30亩、梨园120亩、新品种的果树试验基地200亩。

公司已建成休闲区、娱乐区、垂钓区、野鸭湖观光区、野生鸟林观光区、果树种植采摘区、蔬菜种植采摘区、树莓种植示范采摘区。

公司致力于为观光者带来步入自然之旅，体验乡间纯洁感受，让观光者远离城

市的喧嚣，体验播种、耕耘、收获，分享田园生活之乐趣。

采摘时间：　7月—10月

联系人：　王聚荣

联系电话：　61489020

乘车路线：　东直门乘918路到张镇下车右转1500米左转700米即到。

自驾车路线：　机场高速→顺平路→张镇路口右转1500米左转700米即到。

北京金旺农业生态园

北京金旺农业生态园位于顺义区张镇龙凤山西麓，占地面积300亩。

果园常年聘请中国农科院汪景彦教授等专家做技术顾问，又得到顺义区林业局的大力支持和技术指导。在2004年率先成功生产出了高品质的“SOD”保健果。还应用了先进的有机生产技术。果园在近几年的市区果品评比中荣获多个奖项，被区林业局授予十佳果园的荣誉称号。2005年3月份，发起成立了北京市顺义区张镇金旺果品产销，带动会员80余人，果树技术推广面积3000多亩，增收十余万元。

同时，果园还提供餐饮、住宿、卡拉OK、垂钓等休息娱乐场所。尤其是特色炭烤全羊，农家饭、大土炕，及星级标准间，干净整洁的卫生条件更是受到游客好评。

采摘时间：　5月—12月

联系人：　王崇平、张金旺

联系电话：　13716336067、13693178291

乘车路线：　东直门乘坐918路到行宫路口下车，至赵各庄即到。

自驾车路线：　北京→京密路→顺平路至行宫路口左转3公里即到。

北京市兴绿发苗木种植场

北京市兴绿发苗木种植场位于顺义区张镇小槽庄，总面积达200亩，主要种植苹果和李子，其中苹果主要品种有富士、金冠、红星、王林，李子主要品种是早红、十三、皇后。

通过使用有机肥，逐年减少化肥的施用量，改良土壤提高肥力，使果品转化为有机果。2006年果园通过有机认证，目前正处于第三年的有机转换期。2008年又很荣幸地被选为奥运果品备选基地。

真诚的欢迎热爱自然的人来果园采摘观光，吃绿色果品，吃有机果品。

采摘时间：　8月—10月

联系人：　陈立福

联系电话：　61441365

乘车路线：　乘坐顺39路到小曹庄，往北走200米，或顺15路到七连庄下，往南走200米即到北京市兴绿发苗木种植场。

自驾车路线：　自东直门走京密路，转金昌路，直到龙湾屯镇七连庄路口南转，500米路东即到。

东大道果园

东大道果园位于张镇赵各庄村东北部，地处半山区，南邻顺平路。现有果树面积50亩，于2001年春定植，主要树种有李子、梨，年产优质果品20万斤。多年来由于果园全部使用有机肥、生草和使用无公害农药，梨果实全部套袋没有农药污染。特别是山前暖带，积温高昼夜温差大，果树含糖量比一般地区高，果实色泽鲜艳、光洁、无病虫害，果肉致密、多汁、味纯，具有独特的清香味，果核小，可食率高，鲜食品质极佳，深受广大消费者的青睐，每年新老顾客都争先前来采购。

采摘时间：　7月—9月

联系人：　阎秀敏

联系电话：　13716871563

自驾车路线：　顺平路到行宫向北3公里到赵各庄东从东1千向北500米即到果园。

和平果园

果园位于张镇北营村北，地处半山区，东邻龙凤山公路。果园面积110亩，于1998年春栽植桃、枣、李子、杏等，年产优质水果33万斤。为了提高坐果率和果实品质，果园每年都采用蜜蜂和人工辅助授粉，严格疏花定果，果实全部套袋，使用有机肥和深层地下水灌溉，严格按无公害标准防治病虫害。由于土壤有机质含量丰富，山区昼夜温差大，果实颜色鲜艳，含糖量高，每年都被客户争相抢购，深受消费者喜爱。

采摘时间：　6月—11月

联系人：　杨和平

联系电话：　61480518

自驾车路线：　顺平路至北营村南红绿灯北2.5公里处路西。

御杏园

北京市燕赵采摘园又名御杏园，位于顺义区西北部、京密引水渠畔的北石槽镇西赵各庄村村委会南侧。早在雍正年间，清宫派王姓有功之臣到西赵各庄村兴建“御杏园”，乾隆帝用御杏园的鲜杏招待大臣，群臣齐赞，乾隆大悦，赐封为“铁吧哒”，并对有功之臣赐于此杏，后经这些皇亲贵族传到民间，京城百姓无不知道京北御杏园的“铁吧哒”。

御杏园采用高科技管理方式及标准，已经通过有机食品认证，成为京郊远近闻名的生态观光园区。御杏园目前拥有千亩良地，880亩种植地，品种繁多，果质上成。目前已成功举办了七届采摘节。

采摘时间： 4月底—7月底（大棚杏、樱桃、露地杏、李子）
8月中旬—11月中旬（西洋梨、苹果、柿子）

联系人： 施登祥

联系电话： 60423852　13693332291

乘车路线： 乘坐942路公交车东直门至下西市站下车，向南400米；乘坐947路公交车顺义至下西市站下车，向南400米。

自驾车路线： 京承高速第10个出口左转第一个红绿灯右转2公里。

周边景点： 静之湖、红螺寺、九华山庄、龙脉温泉、十三陵。

北京茶佰利林果产销专业合作社

北京茶佰利林果产销专业合作社位于北京市顺义区木林镇茶棚村，地处燕山山脉，坐落在北京神堂谷旅游风景区内。果树大部分在山坡种植，地理位置高，日照充足，昼夜温差大，保证了果品甘甜可口。合作社果品种类丰富，苹果、鲜桃、梨、板栗等皆是您食用送礼佳品。欢迎社会各界人士到本社观光旅游、采摘购买。

采摘时间： 7月—10月

联系人： 殷凤利（茶佰利合作社社长）

联系电话： 13716315463

电子邮箱： yinbo116@sohu.com

乘车路线： 顺义国泰车站乘坐顺32路公交车可到达。

自驾车路线： 到达顺义东大桥环岛后，沿顺密路行驶，到达贾山村（唐指山水库大坝）右转行驶，可到达合作社。

8 大兴区

果树与旅游资源简介

大兴区地处首都南郊，素有 “绿海甜园”之称。目前，全区果树面积近20万亩，有梨、葡萄、桃等10多个树种1000余个品种，果品年产量1.3亿公斤，产值3.2亿元。先后荣获全国经济林建设先进县（市）、“中国桑葚之乡”、“中国葡萄之乡”、“全国葡萄标准化示范区”、“中国梨乡”、“全国梨标准化示范区”等称号。大兴梨还被国家体育总局训练局指定为运动员专用健康食品。

近两年，大兴区根据果树产业发展实际情况，结合实施“北京市林果乡土专家行动计划”，成立了北京市林果科技协调员工作站—大兴分站，聘请专家对评选出的22名乡土专家进行理论知识和实践技能的培训，提高其综合素质。同时，大力推广果树新品种15个、面积5万亩，新技术10项、面积10万亩。从而培养出一批技术示范和科技创新、销售带动等各种类型的乡土专家，把大兴生产的精品果除了供应华堂、沃尔玛等大型超市外，还远销到全国各地。同时，还带动全区2万亩果树进行有机化栽培，并辐射带动周边农户增收1500余万元。

为了加快都市型现代农业的发展，增加农民收入，近几年，大兴区充分发挥区位优势、资源优势，大力发展观光休闲产业。为把果园建设成集观光、休闲、采摘、娱乐、科普教育为一体的综合性园区，统一为15个乡土专家示范园配备了导摘牌、导示牌、文化宣传展示栏（包括大兴区精品梨品种介绍、梨的实用价值、林下经济发展－香草的开发）等，还统一印制了宣传单页免费发放到游人手中。同时，通过 “梨花节”、“桑葚节”、“春华秋实”、“采育葡萄文化节”等宣传推介活动，让人们去充分感受绿色大兴、休闲大兴、时尚大兴、美食大兴的独特魅力。并推出了千亩古桑园、庞各庄万亩梨花庄园、野生动物园等多条休闲观光采摘游精品线路，供您选择。

热情好客的大兴人欢迎中外游客走进大兴，畅游绿海田园，做客都市庭院。

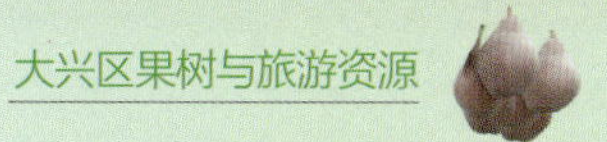

大兴区林果乡土专家果园分布图

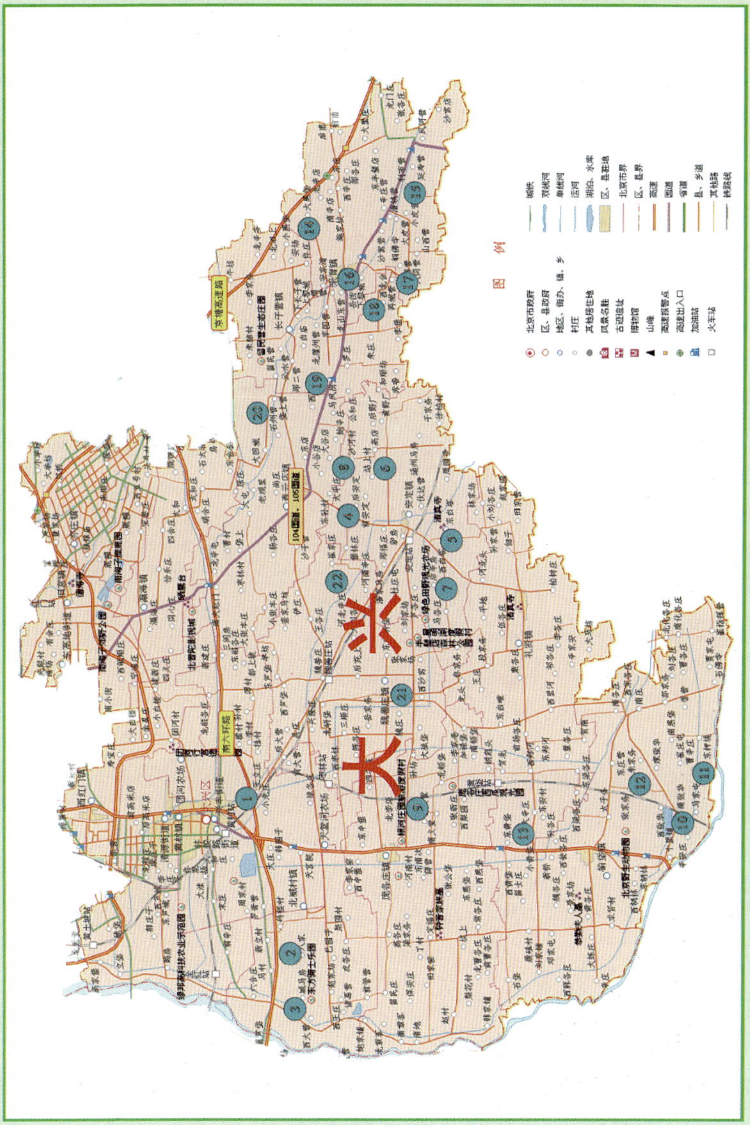

序号	姓名	所在区县、镇村	果园名称
1	肖劲福	大兴区黄村镇王立庄村	黄村苹果观光采摘园
2	胡振强	大兴区北臧村镇八家村	北京老胡梨园
3	张祥光	大兴区北臧村镇桑马房村	北京祥远联合果园
4	贾尚	大兴区安定镇后安定村	贾尚精品种植园
5	程福祥	大兴区安定镇西白塔村	北京东方大地生态农业有限公司
6	王亚秋	大兴安定镇汤营村	北京圣泽林生态果业有限公司
7	刘国成	大兴区安定镇前辛房	安辛果园
8	徐崇库	大兴区安定镇沙河村	北京京南沙河果园
9	李　刚	大兴区庞各庄镇南李渠村	北京市怡心园园艺有限公司
10	赵成春	大兴榆垡镇张华村	北京御丰园生态果业有限公司
11	曹广奇	大兴区榆垡镇曹辛庄村	北京绿园情生态采摘园
12	周洪启	大兴区榆垡镇张家务村	榆垡张家务果园
13	陈凤霞	大兴区礼贤镇黎明村	黎明凤霞精品梨园
14	姚林启	大兴区采育镇科育葡萄中心	北京科育葡萄中心
15	宋国平	大兴区采育镇利市营村	采育利市营果园
16	李玉发	大兴采育镇东营二村	李玉发葡萄采摘园
17	孙　升	大兴区长子营镇再城营村南	北京昌兴种植园
18	李亚新	大兴区长子营镇东北台村	顺新红梨园
19	李铁锁	大兴区长子营镇	北京长子营福源冬枣种植园
20	李书杰	大兴区榆垡镇刘家铺村	刘家铺采摘园
21	马希路	大兴区魏善庄镇政府南侧	北京壁海林果有限公司
22	张俊霞	大兴区魏善庄镇河北辛庄村	北京绿兴果业有限公司

黄村苹果观光采摘园

该基地位于大兴区黄村镇王立庄村，果园占地面积1300亩。主要有富士、红星、王林、乔纳金等苹果品种。

在园中积极采用高光效树形改、壁蜂授粉等新技术，提高了果实品质。改造后收入比原来提高30%。生产的果品在奥运果品评比中多次获奖。

采摘时间：　9月中旬—11月上旬

联系人：　肖劲福

联系电话：　13552378125

乘车路线：　大兴长途站乘3路、5路王立庄下车即到。

自驾车路线：　大兴桥左转上黄马路前行1.5公里，见加油站右转1公里即到。

北京老胡梨园

北京老胡梨园位于大兴区北臧村镇八家村。果园面积100亩，主栽品种有黄金梨、丰水梨、圆黄梨、八月红梨、雪青梨等30余个。

由于采用了沃土培肥、果园生草等果树有机化栽培新技术，使果园土地肥沃了，污染减少了，果实更甜了。2008年通过有机果品认证，开始生产有机果品。生产的果品在奥运果品评比、中国梨王擂台赛上多次获得金奖。在园区不仅可以采摘梨、花生、蔬菜、水果型甜玉米等农作物，还可以吃到地道的农家饭。北京老胡梨园热忱欢迎您的到来。

采摘时间：8月中旬—10月中下旬

联系人：胡振强

联系电话：60275750　13671261910

乘车路线：礼士路→马村的公交937路至新立村西300米下车，南行1公里路西。

自驾车路线：京开高速黄村出口出来，沿辅路前行至大庄农贸市场右转，黄村至良乡路到新立村西300米见路口左转1公里路西老胡梨园。

北京祥远联合果园

北京祥远联合果园位于北臧村镇桑马房村。果园面积20亩。主要树种为梨树，品种有黄金和新世纪等。同时还种植了枣、李子、杏等。在大兴区春华秋实梨王擂台赛和北京奥运果品推荐评选活动中，选送的黄金梨、早酥梨、雪丰梨、雪花梨等品种在梨王擂台赛和北京奥运果品推荐评选活动中荣获推荐果品二、三等奖。

采摘时间：5月底—10月中旬

联系人：张祥光

联系电话：13716711859

乘车路线：从市区乘410、456、631、962、937支7、957（北京站至念坛）等公交车到黄村火车站下车转乘小22路公交车到北臧村镇桑马房村北路西祥远联合果园下车。

自驾车路线：走京开高速黄村出口出，走京开辅路至兴良路口，然后沿兴良路西行至永定河东堤六环路桥下再南行1000米路西祥远联合果园。

贾尚精品种植园

贾尚精品种植园，位于安定镇后安定村，面积100亩，是目前大兴区管理水平最高的精品梨园之一。种植梨优新品种100余个，为大兴区梨名优品种资源基地。

通过大量使用有机肥，生物、物理防治病虫害等措施进行有机果品生产，使果园果品质量不断提高。生产的果品在2007年中国国际林业产业博览会获金奖，同时，在近几年的各种比赛上也屡获大奖。

在园区不仅可以采摘到樱桃、杏、桃、梨，还可以采摘到各种野菜。贾尚精品种植园欢迎您。

采摘时间： 5月中下旬—10月初

联系人： 贾尚

联系电话： 80232095　13501281056

乘车路线： 1．大兴黄村乘小5路至“贾尚精品种植园”下车即到；

2．乘926、940、9、341、廊坊→石景山线公交车至青云店下车，换乘小5路至“贾尚精品种植园”下车即到。

自驾车路线： 104国道（南行）见“礼贤”标路牌右行1公里。

北京东方大地生态农业有限公司

北京东方大地生态农业有限公司西洋梨示范基地是国家绿色农业示范基地，位于“中国梨乡”北京市大兴区安定镇西白塔村，占地面积400亩。始建于2003年，种植品种以梨、樱桃、桃、李子、山楂等为主，目前基地已通过有机转换期认证。同时，在2008年初已建成含有西洋梨、沙梨等220个国内外优质品种的梨种质基因资源圃。园区种植的西洋梨、大樱桃多个品种获得了2008奥运推荐优质果品奖。

采摘时间： 5月中旬—9月中旬

联系人： 程福祥

联系电话： 89234531

乘车路线： 在大兴长途汽车站乘坐18路公交车到安定车站下车，下车后向南步行，过桥300米路西。

自驾车路线： 1．走京开高速，庞各庄出口下高速，前行瓜乡桥下左转，顺着公路一直往东，见到京沪高铁高架桥后，不过地下桥右转，前行400米即到。

2．南六环辅路西慈各庄桥，延南中轴路一直正南，见到往安定方向路牌后左转，见到京沪高铁高架桥后，不过地下桥右转，前行400米即到。

北京圣泽林生态果业有限公司

公司地处北京市大兴区安定镇汤营村，以生产、销售水果为主营业务，大兴区果品产销协会、北京市果树产业协会会员。生产技术负责人为北京市林果乡土专家马平。

公司有精品梨示范园200亩，有丰水、黄金、晚秀、爱甘水、新兴等十余个梨树优新品种。建设了贮藏能力为80万公斤的保鲜冷库一座。

2004年获得了农业部无公害农产品认证证书，2005年被评为北京市优秀农业标准化示范基地，2007年8月公司通过有机产品认证。 公司被授予“北京市民俗旅游接待户”、“北京市定点观光采摘果园”等称号。

获奖情况：2006年，“巴梨”和“巴思克梨”被评为奥运推荐果品；“丰水梨”和“早红考密斯梨”分别获“一等奖”。“黄金梨”荣获2006年第二届中国国际林业产业博览会“优秀参展产品奖”。

采摘时间：　8月中旬—10月上旬

联系人：　王亚秋

联系电话：　80233168　13311333693

乘车路线：　乘937路、968路至大兴长途站，转乘3路小公交车至安定镇即可。

自驾车路线：　京开高速庞各庄出口前行2公里瓜乡桥左转，直行15公里至铁道部培训中心即可。

安辛果园

果园位于大兴区安定镇前辛房村，面积100亩，现有早红考密斯、园黄梨、黄金梨等多个梨品种。

为了能让广大的消费者品尝到更优质的果品，果园采用多种技术措施，使果品质量得到了充分的保障。果园已通过有机认证。在园中不仅可采摘梨，5月中下旬还可以采摘到鲜美的樱桃。

2005年中国“梨王”擂台赛中获砂梨系统金奖、铜奖等，奥运推荐果品比赛中获得一等奖和二等奖。2006年中国“梨王”擂台赛中获三个一等奖和其他奖项若干。2007年中国“梨王”擂台赛中获金奖、铜奖等。在奥运推荐果品比赛中获五个一等奖，二、三等奖若干。

采摘时间：　5月中下旬—10月中旬

联系人：　刘国成

联系电话：　13693648182

乘车路线：　大兴长途站乘兴23路前辛房下车，937支1、支4到东沙窝红绿灯转乘兴23路。

自驾车路线：　京开公路瓜乡桥左转庞安路西芦各庄段村西右转佟前路左转即到前辛房村村委会西100米。北京安定安辛果园或走国道104至青云店南口青礼路安定地下桥南2公里处右转。

北京京南沙河果园

南沙河果园始建于2001年，位于大兴区安定镇沙河村，是一片空气清新、环境优美的果园。该果园占地面积百余亩，沙壤土质，水质优良，适于果树生长。主栽树种为梨树，品种主要有黄金、圆黄、爱甘水、新高水晶等日韩品种，西洋梨品种及传统鸭、广梨老品种。2007年通过有机食品转换期认证。2002年以来曾多次在北京市举办的“梨王擂台赛”中获奖，还在近两年奥运果品评选中多个品种获得奥运推荐果品奖。

采摘时间：　7月下旬—10月中旬

联系人：　徐崇库

联系电话：　13671073513　15910296228

乘车路线：　永定门站坐926路公交车至青云店；旧宫站坐341路公交车至青云店；黄村长途汽车站坐940路、20路至青云店，设有接待站。黄村长途汽车站坐26路直达沙河村。

自驾车路线：　沿104国道向南至青云店正南两公里。

北京市怡心园园艺有限公司

北京市怡心园园艺有限公司果品基地位于庞各庄镇南李渠村，面积130亩。于1999年春季改接成日本丰水梨、黄金梨、新高梨等为主的砂梨系统品种园，同时引进网架式开心形管理技术。

北京市怡心园园艺有限公司果品基地是北京市果树产业协会会员单位，同时是北京市百万市民观光旅游定点果园。在参加历届奥运果品推荐活动中都取得了良好的成绩。其中，爱泔水，丰水，黄金得了二，三等奖。2008年又被北京市工商业联合会民俗旅游业商会举办的2008北京奥运和谐旅游评选活动中被评为最佳观光采摘园。春天4月份的赏梨花挖野菜，夏天6月份采摘大兴西瓜，秋天9月份至10月份的采摘梨，花生，西瓜，玉米等农家作物，北京市怡心园园艺有限公司果品基地欢迎您。

采摘时间：　9月—10月

联系人：　李刚

联系电话：　89289068　13511006250

行车路线：　在南礼士路坐937到庞各庄再做出租车4公里即到。

自驾车路线：　到京开高速庞各庄出口，庞各庄桥左转看标志即到。

北京御丰园生态果业有限公司

北京御丰园生态果业有限公司果品生产基地位于北京市大兴区榆垡镇南张华村，基地面积300亩。主栽树种为梨树，主要有早红考密斯、阿巴特等10余个品种。公司生产基地是北京农业标准化生产示范园。2006年基地按国家标准GB/T19630《有机产品》标准进行生产并通过了《有机转换产品》的认证。成为北京市精品水果生产基地之一、京郊旅游、观光、采摘基地。坚持安全第一、生态优先的战略思想和先进的生产技术使御丰园果品先后获得奥运推荐果品奖十多个。

采摘时间：　5月下—6月（樱桃、杏），7月—10月（梨）。

联系人：　赵成春　金秋萍

联系电话：　89213712　89215980　13910334009　15910376980

乘车路线：　市内乘车至大兴长途站换乘28路公共汽车到南张华村下车。

自驾车路线：　沿京开高速公路向南固安方向，在北京野生动物园向东沿南十路到京九铁路即到。

北京绿园情生态采摘园

绿园情生态采摘园坐落在北京市大兴区榆垡镇辛安庄村，果园紧邻永定河北岸，北京野生动物园南侧。占地面积500亩，其中丰水梨、黄金梨250亩，西洋梨有早红考蜜斯，阿巴特、红巴梨等十几个洋梨品种100亩，东方杂梨150亩。主要采用有机栽培技术。

绿园情果林农场在2007年9月已通过了奥运果品认证，其中京白梨在第六届“东方绿洲杯”中国梨王擂台赛中荣获银奖。2007年10月已获得了有机转换产品认证证书。

采摘时间：　7月20日—10月20日

联系人：　曹广奇

联系电话：　13611225118

乘车路线：　北京南站乘坐943路到榆垡十里铺下车转乘28路车即可到农场。或在大兴长途汽车站乘坐28路车在辛安庄果园下车即到。

自驾车路线：　从市区自驾车走京开高速公路到榆垡高速出口直行直到十里铺永定河大堤左转弯过京九铁路桥即到。（自市区到果园只需30分钟）

榆垡张家务果园

张家务果园是榆垡镇果树协会的示范基地，位于榆垡镇张家务村。果园面积80亩，主要栽培树种为梨树，品种为丰水、黄金。主要采用果园生草覆盖、病虫害综合防治等有机化栽培技术，使生产的果品质量不断提高。生产的丰水、黄金梨分别获得2007年奥运推荐果品三等奖。

采摘时间：　8月中下旬—9月底

联系人：　周洪启

联系电话：　89212351　13520777798

乘车路线：　从黄村乘28路汽车到张家务下车即到。

自驾车路线：　京开高速榆垡出口前行，看到去南各庄的标牌后左拐（向东），然后直行过京九铁路即到张家务。

黎明凤霞精品梨园

黎明凤霞精品梨园位于大兴区礼贤镇黎明村北，占地面积50亩，主要栽培品种为园黄梨、黄金梨。采用有机化栽培模式。每年施有机肥5—8方/亩，不施用任何化肥。地里采用生草覆盖，病虫防治使用生物农药和物理诱杀为主，不使用任何化学农药。果品100%套袋，果品含糖量15%以上。在奥运果品评比活动中，黄金梨获得2006年一等奖，并取得中华名果的荣誉。

采摘时间：　8月中旬—9月下旬

联系人：　陈凤霞

联系电话：　89221623　13436822662

乘车路线：　大兴长途站10路到大辛庄下车，28路到大礼桥下车，北京南站943路到大礼桥下车。

自驾车路线：　走京开高速到大礼路出口，上大礼桥盘桥向东2千米，至黎明村。

北京科育葡萄中心

科育葡萄中心位于大兴区采育镇，占地500亩，2008年7月通过了国家检验检疫局有机食品转换期第三年认证，是集科研、示范、观光及葡萄生产、品种引进与育苗、葡萄酒生产、技术辐射、旅游观光、餐饮住宿、果农培训于一体的企业，是大兴区葡萄产业的龙头企业。

基地有早、中、晚三大系葡萄70余个名优品种，园内建有延迟采摘棚两栋35亩，采摘期可从7月中旬延伸到12月中旬。园内还建有一座10吨级冷库（可储藏、供应葡萄到春节前后）及一座育苗棚（年育苗量100万株）。

采摘时间：　8月上旬—10月下旬

联系人：　姚林启　屈永臣　刘德山

联系电话：　80275730　80275753　80275738

乘车路线：　永定门乘926路或在黄村长途站乘940路公交到采育下车东行1公里即到。

自驾车路线：　自驾车走104国道到采育西口直行3公里，走京津塘高速采育出口下右转到镇林业站即到。

采育利市营果园

利市营果园位于采育镇利市营村，果园面积50亩，主要树种为梨树，主要有早红考密斯、红星、阿巴特、美人酥、满天红、玉露香等20余个品种。主要采用疏花疏果、果实套袋、网架栽培、果园生草、病虫害综合防治等技术，使果品质量不断提高。

采摘时间：　7月中下旬－10月

联系人：　宋国平

联系电话：　80200301　13520477069

乘车路线：　从黄村乘940路大皮营路口下车，南行韩凤路向东1000米即到。

自驾车路线：　走104国道到大皮营路口向南，到韩凤路，然后向东1000米即到。

李玉发葡萄采摘园

李玉发葡萄采摘园位于大兴区采育镇东营二村，果园种植面积100亩，拥有里扎马特、红宝石、无核白鸡心、玫瑰香、巨峰等10余个品种。李玉发是采育葡萄生产大户之一，由于该地区的水、土及气候等自然条件与世界著名的葡萄之乡——法国的波尔多十分相似，非常适宜葡萄生长且果品品质优良，成为北京市著名观光、旅游、采摘活动的中心。该基地生产的葡萄在第二届葡萄节中荣获葡萄单穗重量的第一名，在第五届葡萄节中荣获葡萄果品质量第二名。

采摘时间： 8月—9月

联系人： 李玉发

联系电话： 13716518595　80272132

乘车路线： 926路（永定门）、9路、940路（大兴长途站）→直达采育十字街即到（有专车迎接）。

自驾车路线： 1. 京津塘高速公路采育出口。
2. 沿104国道途径南大红门→青云店→朱庄→东营二村即到。

北京昌兴种植园

北京昌兴种植园位于大兴区长子营镇再城营村南300米，园区现有生产基地200亩。主要果品有梨、杏、樱桃等，其中梨品种20余个，年产量40－50余万斤。

北京市林果乡土专家孙升任昌兴种植园总经理。在他的带领下，昌兴种植园已建成了技术和基础设施较为完善的有机果园。先后获得了市、区和国家多次奖励，2006年、2007年连续获得奥运果品推荐果一等奖和 二等奖，2007年9月被授予“中国梨王”称号。2006年参与中央电视台绿色时空节目录制并颁发荣誉证书。2008年8月北京电视台又先后两次录制采访。

采摘时间： 5月中旬—11月下旬

联系人： 孙升

联系电话： 80210328　13146186650

乘车路线： 永定门乘926路，采育下车，南至再成营；或大兴长途站乘5路再成营下车。

自驾车路线： 京津塘高速采育出口西行2公里至采万路南行1公里有路标。

顺新红梨园

顺新红梨园，位于大兴区长子营镇东北台村。果园面积50亩，主栽品种为早红考密斯。果园严格按照有机农业的要求来进行管理，增施有机肥，喷洒生物农药，悬挂糖醋液，性诱芯进行诱杀，地上种植多样趋避植物防治病虫。通过授粉、果实套袋，加强夏季修剪等一系列技术管理措施，果园无论在产量、质量上又上了一个新的台阶。在2004年梨王擂台赛获西洋梨系金奖，2006、2007年被评为奥运推荐果品。

采摘时间： 7月下旬—8月上旬

联系人： 李亚新

联系电话： 13681040521

乘车路线： 永定门乘926路，采育下车，南行至东北台或大兴长途站乘5路东北台下车。

自驾车路线： 京津塘高速采育出口西行2 公里左转即到。

北京长子营福源冬枣种植园

北京长子营福源冬枣种植园是北京市农业标准化基地之一，是一个集生态示范、科普教育、赏花品果、采摘旅游、休闲度假、生产创收于一体的综合性果园，占地面积450亩。园区在旱河以南，南距104国道仅1公里，北距亦庄开发区8公里，东侧紧靠朱长路，西侧临近马朱路，交通便利。在2007年北京奥运推荐果品综合评选活动—枣评比中，荣获冬枣品种三等奖。欢迎各界朋友到这里沐浴蓝天白云、享受大自然、品尝美味果实。

采摘时间： 10月

联系人： 李铁锁

联系电话： 80218018　13701025693　13552580678

乘车路线： 从永定门乘926路到朱庄路口下车往北1公里即到；从黄村乘940路、小20路到朱庄路口下车往北1公里即到。

自驾车路线：

1. 从十里河上京津塘高速到马驹桥出口，上马朱路向南直行8公里看左手路旁福源冬枣的牌楼标志向左转1公里即到。
2. 从分钟寺到亦庄再到马驹桥上马朱路向南直行8公里看左手路旁福源冬枣的牌楼标志向左转1公里即到。
3. 从永定门到德茂走104国道到罗庄北口红绿灯左转1公里看右手路旁福源冬枣的牌楼标志向右转1公里即到。

刘家铺采摘园

刘家铺采摘园位于大兴区榆垡镇刘家铺村，是果树专业种植村，种植果树1500亩。其中梨800亩，桃500亩，杏、李子等200亩。

通过在果园中采用人工授粉、疏花疏果、果实套袋、施用腐熟的有机肥等新技术，使生产的果品质量不断提高。2007年通过了有机认证。

刘家铺村是北京市民俗旅游村，到刘家铺果树专业村旅游采摘，不但可采摘到优质、安全、放心的水果，还可到农户家中品味地道的农家饭，尽享田园风光。

采摘时间： 6月下旬（杏、桃）7月中旬（李子）8月下旬（梨）

联系人： 李书杰

联系电话： 13910935202

乘车路线： 市内乘车到大兴区长途汽车站转乘兴21路公共汽车刘家铺村东站下车。

自驾车路线： 京开高速大礼路出口向西6公里。

北京壁海林果有限公司

北京壁海林果有限公司位于大兴区魏善庄镇政府南侧，果园面积300亩，主栽树种有沙梨和洋梨两大系。沙梨系品种有黄金、丰水、金二十世纪等，洋梨系品种有早红考密斯、康佛伦斯、红巴梨、五月鲜、红茄梨等，园内共有100多个品种。

2002年12月被国家外国专家局命名为“国家引进国外智力成果示范推广基地”。2003年被国家体育总局训练局定位为运动员专用梨。基地被国家体育总局训练局命名为世界冠军林。2007年7月正式通过有机食品认证，在奥运水果评比中，园内两个品种获得奥运水果称号。

采摘时间： 8月下旬—10月上旬

联系人： 马希路

联系电话： 89231372　13641335835

乘车路线： 礼士路通往星明湖的937支1路公共汽车，魏善庄政府下车即到。

自驾车路线： 沿京开高速公路至黄村出口到大兴环岛向左走南六环辅路至磁各庄路口右转向南至魏善庄镇林业站梨园即到。

北京绿兴果业有限公司

北京绿兴果业有限公司位于大兴区魏善庄镇河北辛庄村东侧，果园面积200亩，60多个品种。主栽树种有砂梨和洋梨两大系。砂梨系品种有黄金、丰水、圆黄、爱甘水等，洋梨系品种有早红考密斯、红太阳梨、红巴梨等。2007年7月正式进入有机食品转换期，在奥运水果评比中，园内天皇、爱甘水两个品种获得奥运水果称号。

采摘时间： 8月下旬—10月上旬

联系人： 张俊霞

联系电话： 13910789136

乘车路线： 礼士路通往星明湖的937支1路公共汽车，940路公共汽车魏善庄站下车，乘坐出租车，只需10分钟即到。

自驾车路线： 由市里沿京开高速公路至黄村出口，到大兴环岛向左走南六环辅路，至磁各庄路口右转向南，至魏善庄路口左转，到河北辛庄村即到。

9 昌平区

果树与旅游资源简介

昌平区位于北京市西北部，素有“京师之枕”、“甲视诸州”之称。山前百里缓坡地带上，日照充足，土层深厚，昼夜温差大，地下水资源丰富，生态环境良好，上风上水，空气清新。这些要素使昌平成为首都的后花园，昌平的青山成为花果山。

昌平区现有果树总面积23.4万亩，栽培有苹果、桃、梨、柿、板栗等十几个树种上百个品种，干鲜果品年总产量5500多万公斤，年产值2.4亿元。其中苹果为重要的优势产品，产量2200多万公斤，产值1.27亿元。

随着农业产业结构的调整，区政府把苹果产业定位为全区的主导优势产业之一。以“提质增效、标准管理”为核心，狠抓基础设施建设和加大科技推广力度，实施苹果标准化管理，大力引进新品种，推广苹果套袋、铺反光膜、摘叶转果等先进技术，并实行了无化肥、无污染的绿色安全食品生产，使优质果率提高到70%以上，平均单果重300克，果面全红，可溶性固形物含量14%以上。2006年昌平苹果获得“国家地理标志保护产品”称号。连续三年被中国果品流通协会授予“中华名果”荣誉称号。此外，昌平区盛产的燕山红栗、后白虎涧京白梨、西峰山小枣、十三陵磨盘柿、果庄山黄杏等名优果品更是享誉京城，驰名中外。

昌平区拥有驰名中外的明十三陵、“天下第一雄关”——居庸关、十三级浮屠的辽代银山塔林，以及中国坦克博物馆、迪斯尼风格的九龙游乐园、拥有“亚洲之最”称誉的中国航空博物馆、中国最大的射击场——中国北方国际射击场，还有独具特色的十三陵高尔夫球场，空中滑伞俱乐部，以及风景秀丽的十三陵水库和蟒山、沟崖、碓臼峪、虎峪、白虎涧、双龙山、白羊沟、大杨山八大自然风景区。

近年来随着都市型现代农业的发展，昌平区本着以果园带旅游，以旅游促发展的原则，相继开展了果园休闲采摘、果树认养、科普宣传等项系列活动。众多名胜古迹、美丽山水风景、绿色的果品等为首都市民和国内外朋友提供了一个环境优美、品质优良、修身养性的好去处。

昌平区林果乡土专家果园分布图

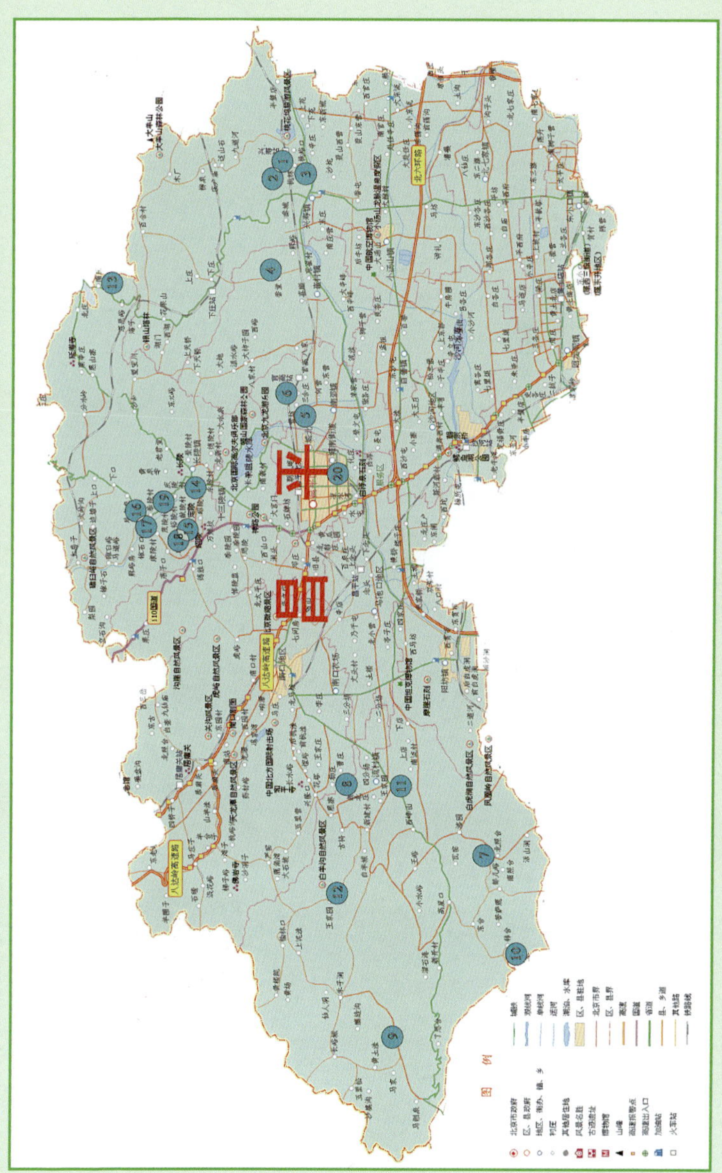

序号	姓名	所在区县、镇村	果园名称
1	王全祥	昌平区兴寿镇桃林村	桃林村王全祥果园
2	王振芳	昌平区兴寿镇桃林村	桃林村王振芳果园
3	王志远	昌平区兴寿镇桃林村	桃林村王志远苹果园
4	朱光哲	昌平区崔村镇香堂村	香堂朱光哲果园
5	田昆利	昌平区南邵镇营坊村	北京营坊昆利果品专业合作社
6	李容石	昌平区南邵镇三合庄村	北京容石果品专业合作社
7	贺德禄	昌平区流村镇北照台	北照台德禄核桃园
8	李长江	昌平区流村镇北流村	琴龙枣业标准化枣园
9	沈玉林	昌平区流村镇老峪沟	老峪沟沈玉林核桃园
10	韩瑞稳	昌平区流村镇韩台村	韩台村核桃园
11	郑全华	昌平区流村镇北流村	北流果园
12	赵连祥	昌平区流村镇王家园	王家园赵连祥果园
13	霍建樟	昌平区长陵镇南庄村	霍建樟板栗园
14	李全友	昌平区长陵镇庆陵村	庆陵村李全友果园
15	王柏树	昌平区长陵镇献陵村	献陵村王柏树柿园
16	刘建年	昌平区长陵镇泰陵村	泰陵村刘建年柿园
17	刘水年	昌平区长陵镇康陵村	康陵村柿园
18	王金燕	昌平区长陵镇裕陵村	裕陵村王金燕果园
19	张菁雨	昌平区长陵镇裕陵村	裕陵柿树园
20	郑遵民	昌平区政府街18号	北京鲜绿安果品有限公司

桃林村王全祥果园

果园位于昌平区兴寿镇桃林村，现有乔化苹果树10亩，矮化中间砧苹果树3.5亩，品种有富士、王林等。2007年奥运果品评选获得“条红富士一等奖”、“王林二等奖”、“昌平区苹果种植能手”。

采摘时间：　10月中旬—11月上旬

联系人：　王全祥

联系电话：　61727351

乘车路线：　德胜门乘坐345支线到昌平东关（终点站）换乘9、947、949在桃林站下车，往北约1千米即到。

自驾车路线：　驱车可从小汤山大柳树环岛往北，过铁路桥约1千米右转即到。

桃林村王振芳果园

果园位于兴寿镇桃林村，现有矮化苹果12亩、日韩梨10亩。品种有富士、王林、嘎拉、新高梨、黄金梨等。曾获奥运果品评选“条红富士二等奖”、“片红富士二等奖”。

采摘时间：9月下旬—11月上旬（梨，苹果）

联系人：王振芳

联系电话：61725066

乘车路线：从德胜门乘坐345支线到昌平东关（终点站）换乘9、947、949桃林站下车，往北约1千米即到。

自驾车路线：可从小汤山大柳树环岛往北，过铁路桥约1千米右转即到。

桃林村王志远苹果园

果园位于昌平区兴寿镇桃林村，面积18亩，主要品种有富士、王林、红星等。老王种出的苹果以个大、全红、口感好著称，获得奥运果品认证。这源于他种植苹果的技术，从剪枝到施肥、疏果、套袋、铺膜，每个环节他都毫不含糊，做得兢兢业业、一丝不苟。他常说的一句话就是，苦着人也不能苦着树。因此，他也得到了丰厚的回报，几年间，每年他的苹果亩纯收入都达到近两万元，每年秋季，苹果不待下树就被前来采摘的人一扫而空。

采摘时间：9月中旬—11月上旬

联系人：王志远

联系电话：61726063

乘车路线：昌平区内乘21路车桃林村下车向北2000米。

自驾车路线：崔昌路，沿运河行至桃林村铁路北。

香堂朱光哲果园

果园位于昌平区崔村镇香堂村，面积20亩，主要种植苹果、桃、樱桃等树种。朱光哲从事果树种植十几年了，他家苹果树结构合理、树姿优美，连年丰产，果品品质好，获得奥运果品认证。老朱也成为村里苹果种植户的典范。

与此同时，作为村经济合作社的主要负责人，朱光哲还经常主动为周边果农讲解种植技术，带领周边果农共同致富，受到大家的一致好评。

采摘时间： 5月下旬—6月中旬（樱桃），7月下旬—8月中旬（桃），9月中旬—11月上旬（苹果）

联系人： 朱光哲

联系电话： 13716021339

乘车路线： 昌平区内乘21路车香堂村下车即到。

自驾车路线： 昌平县城沿崔昌路至香堂村。

北京营坊昆利果品专业合作社

营坊昆利果品专业合作社坐落于北京市昌平区南邵镇营坊村北侧，位于蟒山国家森林公园脚下，与众多度假村相比邻（凤山温泉度假村、蟒山会议中心、国家蟒山公园），北京城市大动脉—京密引水渠从这里潺潺流过，可谓依山傍水，景色宜人，凭借得天独厚的地理优势，加上温润舒适的气候条件，营坊村成为一个水果种植的上好地方，这里生长出的水果个大色鲜，口感甚佳。从2007年9月合作社成立至今，经过不懈努力，目前合作社共有社员已达到246户，果园面积700余亩，其中500亩苹果，其他为樱桃、柿子、葡萄等。2008年里，在各级领导的帮助与全体社员的共同努力下，合作社荣获了更多殊荣，如由市农委、北京市人事局颁发的“京郊农民专业合作社先进单位”，由昌平区委、区政府颁发的“昌平区先进单位”，并且于2009年得到国家工商行政管理总局商标局批准，成功注册合作社商标，目前有机食品也在认证当中。

合作社以“公平、公开、公正”为服务原则，以“诚信、优质、特色”为经营理念。欢迎各界朋友来营坊昆利专业果品合作社品尝水果，共同合作开创营坊昆利果品合作社美好的明天！

采摘时间： 1月1日—5月1日（草莓），5月15日—6月10日（樱桃），8月1日—11月15日（葡萄、桃、梨、苹果），11月1日—12月1日（柿子）

联系人： 田昆利

联系电话： 60730533　60732654

乘车路线： 乘坐北京至昌平的919线路在凤山度假村站下车即到；在东关环岛乘坐11路在营坊村北口下车，向北走100米即到。

自驾车路线： 自八达岭高速的昌平出口下高速，向东行至东关环岛沿水库路向北行驶，途径“军都度假村”路口右转行驶500米即到。

北京容石果品专业合作社

北京容石果品专业合作社位于昌平区南邵镇三合庄村北侧，北依燕山山脉，西邻蟒山国家森林公园，南侧是京密引水渠，东侧是天池公园，距十三陵水库3公里，有独特的山前暖系带，对苹果种植有着得天独厚的自然条件。相邻景点有十三陵水库，蟒山国家森林公园，天池公园。周边有凤山温泉度假村、地铁培训中心、中商培训中心等。

北京容石果品专业合作社经营果园面积600余亩，其中盛果期苹果540亩，梨树25亩，樱桃10亩，还有部分李子、枣、葡萄。所获奖项有：两次“果王”金奖，“王林”金奖，富士1系金奖，富士2系银奖，“百万市民观光定点采摘园”，“农业标准化优秀单位”。

采摘时间：7月底—11月底

联系人：李容石

联系电话：60732163

乘车路线：德胜门乘345、919昌平东关下换乘11路三合庄下。

自驾车路线：自八达岭高速的昌平出口下高速，向东行至东关环岛沿水库路向北行驶，途径“军都度假村”路口右转行驶500米后向南行驶200米，左转向东行驶500米即到。

北照台德禄核桃园

核桃园位于流村镇北照台，面积25亩。贺德禄年轻好学，自从种植核桃后，对种植技术的渴求更是如饥似渴。他经常求助于各类图书、请教于果树专家，并将修剪、防寒等各项技术运用到生产中，进行进一步的考察研究。目前，他种植的核桃已经进入初结果期，果园也通过奥运果品认证。

采摘时间：9月中下旬

联系人：贺德禄

联系电话：89778620

乘车路线：昌平区内乘坐357路，北照台下车。

自驾车路线：昌平环岛向西，过南口、流村后流村环岛西南高口方向继续前行至北照台。

琴龙枣业标准化枣园

枣园面积50亩。品种有尜尜枣、马牙枣、冬枣、西峰山小枣等。通过施用有机肥提高地力、无公害方法防治病虫害等技术措施，所产大枣品质优良，口感纯正，欢迎品尝。

采摘时间：　9月中旬—10月上旬

联系人：　李长江

联系电话：　13693672738

乘车路线：　从德胜门乘车坐345（快车）到昌平东关（终点站），换乘357路到曹庄下车，向西约走1公里左右。

自驾车路线：　八达岭高速陈庄出口下，行驶到南口，沿南雁路行驶10公里到流村环岛，后向西1公里即到。

老峪沟沈玉林核桃园

核桃园位于昌平区流村镇老峪沟，面积50亩。老峪沟地区昼夜温差大，加之80－120厘米深的沙壤土，非常适于种植核桃，老沈种出的核桃，个大皮薄、香味醇厚、营养丰富，获得奥运果品认证。

采摘时间：　9月中下旬

联系人：　沈玉林

联系电话：　13901331765

乘车路线：　昌平区内乘坐357路，老峪沟下车。

自驾车路线：　昌平环岛向西，过南口、流村后继续前行至老峪沟。

韩台村核桃园

核桃园位于昌平流村镇韩台村，面积22亩。品种以薄皮核桃为主。果园获得奥运果品认证。

采摘时间：　9月中下旬

联系人：　韩瑞稳

联系电话：　89779178

乘车路线：　昌平区内乘坐357路，韩台下车。

自驾车路线：　昌平环岛向西，过南口、流村后，流村环岛西南高口方向继续前行至韩台。

北流果园

北流果园位于昌平区流村镇北流村，面积850亩，定植面积720亩，其中包括树种有苹果、桃、李子、杏、樱桃、梨等。北流果园为沙石质土壤，又处上风上水，空气和水都没有污染并且严格按照有机生产和无公害生产管理规程生产。主要品种为红富士苹果，并且在2007年有16亩富士苹果通过了有机认证；在北京奥运推荐果品评选中，有25个品种获得奥运推荐果品证书；在昌平区召开的各届苹果节评选中都有品种获得金奖、铜奖、富士苹果树王奖等；2008年全国苹果擂台赛中获得了富士二系一等奖和富士一系三等奖。红蜜樱桃也在2008年北京市樱桃节评选中获得了银奖。

采摘时间：5月中旬—9月（樱桃、杏、桃、李子、梨），10月中旬—11月上旬（红富士）

联系人：郑全华

联系电话：89772162

乘车路线：北京德胜门乘车345直、919快至昌平，换乘357路北流果园下车。

自驾车路线：八达岭高速陈庄出口，向西沿南雁路行驶5公里即可到达。

王家园赵连祥果园

果园位于昌平区流村镇王家园村，面积50亩，种植有桑砂、富士、亚达卡等中晚熟品种。2006年进入有机转换期。2007年奥运果品评选“桑砂一等奖”、“条红富士一等奖”、“中华名果”等。

采摘时间：8月初—8月中旬（桑砂苹果），10月上旬—11月上旬（富士苹果）

联系人：赵连祥

联系电话：13520872343

乘车路线：德胜门乘坐345支线到昌平东关（终点站），换乘357路在流村环岛下车，向北500米，西行800米。

自驾车路线：八达岭高速南口出口向西10公里。

霍建樟板栗园

霍建樟板栗园位于长陵镇黑山寨地区南庄村，现有标准化板栗园150亩。品种有燕红、燕昌、黑七等燕山系列板栗品种。他在栽培中大力应用土壤改良、精细修剪、病虫害综合防治等标准化栽培技术，提高了产品质量。

为增强抵御市场风险的能力，增加产品附加值，身为南庄板栗合作社社长的霍建樟带领合作社成员建冷库、上设备、进行网络销售，实现了板栗种植、深加工、销售一条龙服务，解决合作社成员卖栗难，价格难控制的难题。所产燕山板栗仁曾获奥运果品评选“加工品一等奖”。

采摘时间：　常年

联系人：　霍建樟

联系电话：　13621341319

乘车路线：　从德胜门乘坐345路公交车到昌平北站下车（终点站），换乘昌32路在南庄村下车即到。

自驾车路线：　小汤山大柳树环岛向北30公里。

庆陵村李全友果园

柿园地处昌平区长陵镇庆陵村，面积30亩，园内种植有柿子、杏、枣等树种。李全友有着丰富的果树管理经验，加之勤奋好学、勤劳肯干，他种出的水果个大，品质极好。园内柿树于2005年进行了改形落头，之后他进行了一系列的精细管理：嫁接、拉枝、浇水、施肥、防寒，每个环节都进行得一丝不苟。目前，经过改形落头的柿树已经初步结果，嫁接的几万株马牙枣也已经开始收获，整个果园生机勃勃。果园也通过了奥运果品认证。

采摘时间：　9月上旬—10月上旬（枣），10月下旬—11月中旬（柿子）。

联系人：　李全友

联系电话：　13552779450

乘车路线：　昌平区内乘5路车庆陵村下车即到。

自驾车路线：　昌平环岛沿十三陵方向至庆陵村。

献陵村王柏树柿园

王柏树柿园地处昌平区长陵镇献陵村，面积10亩。2005年，在区林业局的指导下，王柏树将自家10亩地的柿树全部改形落头，并耐心给周围柿农解释柿树改形的重要性和迫切性，在他的带动下，一些柿农纷纷放下顾虑，对柿树实行分年降低高度，落头柿树结出的柿子又大又红，获得奥运果品认证，深受消费者欢迎。

采摘时间：　10月下旬—11月中旬
联系人：　王柏树
联系电话：　60761094
乘车路线：　昌平区内乘5路车献陵村下车即到。
自驾车路线：　昌平环岛沿十三陵方向至献陵村。

泰陵村刘建年柿园

柿园地处昌平区长陵镇泰陵村，面积20亩。刘建年一直坚持对柿树实施精细管理，浇水、剪枝、施肥等做得一丝不苟。功夫不负有心人，刘建年生产出的柿子个大、颜色品质堪称一流。2005年，他又积极响应政府号召，对柿树进行了落头改形，管理方便了，果品质量也更好了，获得了奥运果品认证。

采摘时间：　10月下旬—11月中旬
联系人：　刘建年
联系电话：　13718926900
乘车路线：　昌平区内乘5路车泰陵村下车即到。
自驾车路线：　昌平环岛沿十三陵方向至泰陵村。

康陵村柿园

柿园位于昌平区长陵镇康陵村，面积200亩。早几年间，在区林业局的支持和帮助下，柿园引进日本甜柿和北京地区其他区县优质品种柿的接穗，在园内进行嫁接试验。2005年，又响应政府号召，率先对柿树进行落头改形，并且实行精细管理，施肥、拉枝、浇水、防寒，所有工作都非常到位，目前，改形后的柿树正逐年恢复产量，康陵村柿树园也成为历次全区培训的试验示范基地，柿子也通过了奥运果品认证。

采摘时间：　10月下旬—11月中旬

联系人：　刘水年

联系电话：　13716771615

乘车路线：　昌平区内乘5路车康陵村下车即到。

自驾车路线：　昌平环岛沿十三陵方向至康陵村。

裕陵村王金燕果园

果园位于昌平区长陵镇裕陵村，面积80亩，主要种植枣树。在日常管理中，王金燕以女人特有的细致耐心仔细经营着这一片枣园，从嫁接到剪枝、浇水、施肥，每一项都一丝不苟。荒山变绿了，滴滴汗水变成了粒粒红枣，辛勤的劳动换来了丰收的喜悦。她的果园还通过了奥运果品认证。在自己致富的同时，王金燕还不忘周边百姓，几年来，在她的带动下，又有几十户农民走上了枣树种植的道路，并取得了很好的效益。

采摘时间：　9月上旬—10月上旬

联系人：　王金燕

联系电话：　13716206109

乘车路线：　昌平区内乘5路车裕陵村下车即到。

自驾车路线：　昌平环岛沿十三陵方向至裕陵村。

裕陵柿树园

裕陵柿树园地处昌平区裕陵镇裕陵村，是由北京市林果乡土专家张菁雨和房山区林业局原局长张明德研究员亲自抓管理的50亩裕陵柿树园。果园于2006年进行了二次落头改造，经过2年的悉心管理，目前已经初结果，改造后柿树树形丰满、树姿优美，结构合理，堪为昌平区柿树树形改造的典范。获得奥运果品认证。

采摘时间：　10月下旬—11月中旬

联系人：　张菁雨

联系电话：　60761094

乘车路线：　昌平区内乘5路车裕陵村下车即到。

自驾车路线：　昌平环岛沿十三陵方向至裕陵村。

北京鲜绿安果品有限公司

北京鲜绿安果业有限公司是昌平区林业局为适应果树产业化发展需要，于2000年组建的股份制果品龙头企业。公司以“创名牌、拓市场、联农户、建基地、上规模、增效益”为指导思想，主要经营“鲜绿安”牌红富士、梨、新高梨、燕山板栗、李、磨盘柿等名优果品。

公司现有现代化果品贮藏气调库两座，贮存能力达1200吨。

公司地址：　昌平区政府街18号

邮编：　102200

联系人：　郑遵民

联系电话：　69744201

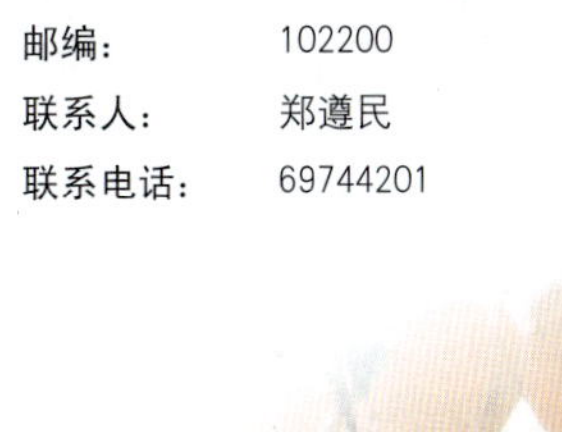

10 平谷区

果树与旅游资源简介

平谷区位于北京市东北部的燕山脚下，地处京津唐金三角腹地，距京城70公里，是中国著名的大桃之乡和全国经济林建设先进区。近年来，平谷区借助独特的区域优势，从区域、品种、品质、反季节栽培等全面打造唯一性果品产品，生产无公害、绿色和有机果品，大力发展“大桃一品带动”生态富民果品产业，形成了大桃、大枣、红杏、红果、葡萄、核桃、苹果、柿子、李子、栗子、梨“平谷十二果”，品种500多个，彰显了平谷果品的多样性和丰富性。

全区果树面积40.8万亩，年总产3.5亿公斤，果品年收入10.01亿元，山区半山区5万户果农户年均果品收入2万余元。其中大桃面积22万亩，总产2.7亿公斤，总收入7.5亿元。建成了三个大桃优新品种种试基地和示范园，有白桃、蟠桃、油桃、黄桃四大系列，200多个品种。发展设施桃面积8332亩，鲜桃上市可从每年4月初一直延续到11月底。大桃产业已成为全国农业产业结构调整的特色代表，成为名副其实的富民产业、生态产业，孕育出了世界最大的桃园、中国最大的桃乡，成为平谷区一张最靓丽的名片。

目前，平谷大桃品质之高已是尽人皆知，每到鲜桃面市，消费者无不以买到平谷桃为欣慰，经销商无不以采购到平谷桃为招牌。为了保证平谷大桃的精品地位，平谷区常年与中国科学院、中国农大、北京农学院、北京林果研究所、石家庄果研所、郑州果研所等国内15家科研院所、大专院校建立了密切的技术合作关系，外聘60多名果树知名专家为技术顾问，培养出20多名推广研究员、高级农艺师和农艺师等自有科技人才，并建立健全了区、乡镇、村三级科技推广网络，在128个大桃专业村也分别建起了科技骨干服务队，成立了19个大桃增甜提质富民示范村、1000个示范户，大力推广有机化大桃栽培，建成了面积达10万亩的大桃标准化生产基地。套袋桃经亚洲食品安全研究中心株式会社所属青岛食品安全研究所进行80种残留农药检测，全部达到了日本食品卫生法对桃的安全标准。

平谷季季有鲜果，四时绿不败。春来，世界之最桃花海，几十万亩杏花、桃花、樱桃花、梨花、苹果花等竞相开放，姹紫嫣红，令踏青赏花采摘的人们陶醉其间，乐而忘返。夏秋时节，青山浮爽气，处处花果山，望着形态各异的鲜艳果实，百果飘香，一股丰收的喜悦油然而生。严冬，日光温室暖如春，人面桃花别样红。花果飘香，美景佳境，每年观光采摘人次超过百万，平谷的绿色果园已成为人们观光、休闲、度假的梦幻之地。

此外，平谷还拥有以京东石林峡、京东大峡谷、京东大溶洞、湖洞水、飞龙

谷、老象峰、丫髻山等为代表的平谷十六景，有蕴含深厚文化底蕴的轩辕黄帝陵、上宅文化陈列馆和丫髻山等人文景观，还有20家星级宾馆、众多民俗旅游村遍布全区。平谷不仅旅游资源丰富，旅游配套设施也十分完备，一年四季均可满足游客休闲度假的需要。平谷是人们旅游观光、会议度假、休闲娱乐和体验文化的乐园。

平谷区林果乡土专家果园分布图

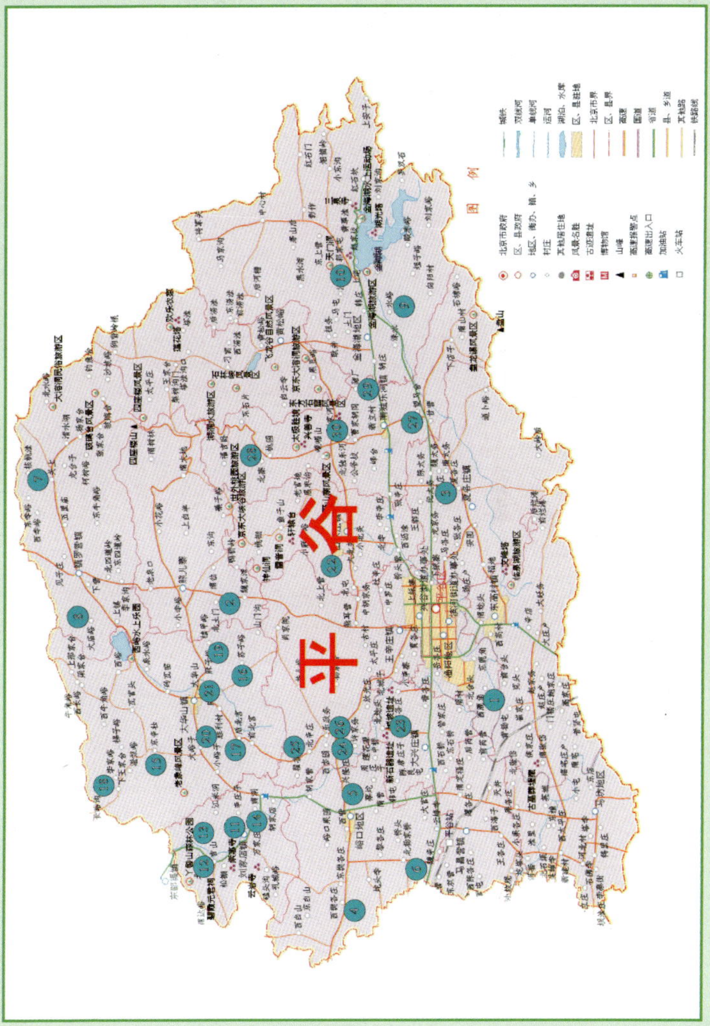

序号	姓名	所在区县、镇村	果园名称
1	贾建国	平谷区平谷镇西鹿角村	西鹿角村南标准化果园
2	张成海	平谷区熊尔寨乡土门村	西河套标准化果园
3	张　勇	平谷区夏各庄镇夏各庄村	夏各庄村张勇桃园
4	张建军	平谷区峪口镇西凡各庄村	西凡各庄张建军标准化精品果园
5	王华祥	平谷区峪口镇兴隆庄村	王华祥果园
6	张志国	平谷区峪口镇南杨家桥村	南杨桥张志国果园
7	张克勤	平谷区镇罗营镇核桃洼村	镇罗营镇科技示范精品园
8	王庆林	平谷区镇罗营镇大庙峪村	大庙峪王庆林果园
9	贾福全	平谷金海湖水峪村	金秋爽种植园
10	郭　华	平谷区金海湖镇郭家屯村	金海湖郭华特色精品园
11	龚士文	平谷区刘家店镇刘家店村	刘家店龚士文有机桃园
12	张永胜	平谷区刘店镇松棚村	刘家店松棚村张永胜精品果园
13	刘俊生	平谷区刘家店镇北吉山村	刘家店北吉山村刘俊生精品梨园
14	邢术贺	平谷区刘家店镇寅洞村	寅洞邢术贺标准化果园
15	单维良	平谷区大华山镇东辛撞村	东辛撞标准化桃园
16	杨凤武	平谷区大华山镇苏子峪村	苏子峪蜜枣有机果园
17	岳长宝	平谷区大华山镇后北宫村	后北宫村岳长宝桃园
18	张树香	平谷区大华山镇李家峪村	张树香特色精品果园
19	张义海	平谷区大华山镇挂甲峪村	北京天甲农林技术中心有机果园
20	刘新明	平谷区大华山镇大峪子村	大华山大峪子村刘新明果园
21	关庆生	平谷区大华山镇大华山村	大华山关庆生桃园
22	包振远	平谷区山东庄镇山东庄村	包振远桃园
23	唐祥云	平谷区大兴庄镇唐庄子村	大兴庄唐庄子村唐祥云果园
24	田顺宝	平谷区王辛庄镇许家务村	南河果园
25	陈志军	平谷区王辛庄镇北辛庄村	北辛庄陈志军标准化桃园
26	陈志军	平谷区王辛庄镇许家务村	许家务村陈志军桃园
27	闫学武	平谷区南独乐河镇望马台村	南独乐河望马台村闫学武精品果园
28	崔凤全	平谷区南独乐河镇北寨村	南独乐河北寨村崔凤全果园
29	戴金生	平谷区南独乐河镇新立村	南独乐河新立村戴金生有机果园
30	李晓明	平谷区南独乐河镇北独乐河村	北京独乐河果蔬产销专业合作社果园

西鹿角村南标准化果园

桃园位于平谷区平谷镇西鹿角村南，面积10亩，主栽品种有早露、蟠1、蟠3、久保、陆王仙、艳丰一号、33号。生产中按照韩南容教授指导进行有机栽培生产，2006年获奥运推荐果品三等奖。

采摘时间： 6月17日—10月上旬

联系人： 贾建国

联系电话： 13391962043

乘车路线： 918路至畅观楼，换乘36路直达京平高速崔家庄路口下或换乘26路直达村里。

自驾车路线： 沿京平高速路到平谷城区，在岳各庄大环岛向南拐，在第二个红绿灯向西拐，至第一个红绿灯向南即直达果园。

西河套标准化果园

果园地处北京市平谷区熊儿寨乡土门村，种植树种有大桃、柿子和核桃。

张成海是村管果干部兼村病虫害联防联治测报员。利用自己的测报结果和掌握的优新技术，在生产实践中取得不错的效益。在平谷区的大桃甜桃王擂台赛上取得1个一等奖，1个二等奖。

采摘时间： 8月中旬—10月下旬

联系人： 张成海

联系电话： 13716079111

乘车路线： 在北京东直门乘坐918路公交车到平谷城区畅观楼下车，换乘11路车到北土门村下车即到。

自驾车路线： 沿京顺路换顺平路到平谷城区，在畅观楼路口北行15公里即到或沿京平高速平谷城区，在畅观楼路口北行15公里即到。

夏各庄村张勇桃园

张勇桃园地处平谷区夏各庄镇夏各庄村，有大桃6亩，主栽品种有久保、绿化9号、24号等优良品种，大桃成熟之时，颜色白里透红、口味极佳，深受消费者青睐。

采摘时间： 7月中旬—9月上旬

联系人： 张勇

联系电话： 60913504　13716932982

乘车路线： 从北京市东直门乘坐918路车到平谷区汽车站下车（918终点），转乘平11路公交车，到贤王庄路口下车即到。

自驾车路线： 从北京市东行，走顺平路或京平高速到平谷城区，再沿新平蓟路东行至夏鱼路交叉处，南行700米至贤王庄路口下车即到。

西凡各庄张建军标准化精品果园

西凡各庄苹果采摘园位于峪口镇西凡各庄村，种植面积3000亩，面积大、土质好，是平谷区最早引进红富士苹果的村庄。因受山前的暖区小气候影响，所产的苹果个大、味鲜、色美，是平谷区著名的红富士苹果种植园。1996年在中国商标管理部门注册了“豪宫”牌红富士苹果商标。2002年，“豪宫”牌红富士苹果被中国技术监督情报协会评定为“中国质量过硬放心品牌”。2006年，取得了绿色食品证书。

张建军精品果园是西凡各庄苹果采摘园的一部分，苹果园4亩、桃4亩。桃和苹果全部套袋，在2008年奥运绿色果品评比上获得奥运绿色果品二等奖。

采摘时间： 8月—11月

联系人： 张建军

联系电话： 13521759226

乘车路线： 东直门乘918路公交车至平谷官庄路口，转乘平18路小公共汽车即可到达。

自驾车路线： 东直门、三元桥→机场高速路→京平高速→密三路出口→密三路→西烟路（西烟路口向左转，直行即到）。

东直门、三元桥上机场高速，穿越机场1号候机楼，经顺平高速，至双营路口北转至兵营，然后向西2公里可到。

王华祥果园

王华祥果园地处平谷区峪口镇兴隆庄村，有2亩温室大棚桃，主栽品种有早露蟠、早红蜜、早黄蜜、瑞光5号、早久保、大久保。

采摘时间： 4月中旬—6月中旬

联系人： 王华祥

联系电话： 61906887　13671089084

乘车路线： 从北京市东直门乘坐918路车到平谷区官庄道口下车，转乘25路公交车到峪口镇下车，东行1000米即到。

从北京市东直门乘坐918路车到平谷区汽车站下车，转乘18路公交车到峪口镇兴隆庄村下车即到。

自驾车路线： 从北京市东行，走顺平路到平谷城区官庄道口，右拐再沿密三路到峪口村东行2000米即到。

南杨桥张志国果园

张志国果园位于峪口镇南杨家桥村，现种植大棚桃10亩，主栽品种有艳红24、八月脆、碧霞蟠桃、大久保等优良品种。

他生产的大桃不但是消费者放心的绿色食品，而且在2007年奥运果品比赛活动中取得了冠军。每到大桃成熟时节，前来采摘的客户络绎不绝。

采摘时间： 6月中旬—9月中旬。

联系人： 张志国

联系电话： 13661382099

乘车路线： 从北京市东直门乘坐918路车到平谷区汽车站下车，转乘18路公交车到峪口镇兴隆庄村下车即到。

自驾车路线： 从北京市东行，走顺平路到平谷区南杨桥村道口，右拐北行1000米即到。

镇罗营镇科技示范精品园

张克勤是罗营镇果品产销协会副会长、技术员，负责协会农技推广，品种引进及果品销售工作。协会成立于2005年4月，拥有会员147名，带动农户2000多名。现有果园面积300亩，主栽树种有核桃、大桃和金星蜜梨。果园在生产上推广应用有机果品栽培技术和标准化生产技术，管理中实施树体结构调整，生物物理防治等技术。果园果品具有色泽鲜、硬度大、含糖量高、甜脆适口、耐运输等特点。2006年通过有机果品认证，2008年荣获奥运果品认证一等奖。

采摘时间：　7月中旬—9月底

联系人：　张克勤

联系电话：　61969307

乘车路线：　东直门—关上918班车，镇罗营上营村红绿灯下车南2公里北四道岭村。

自驾车路线：　京顺路，平谷区环岛东第二个红绿灯左转，镇罗营15公里北四道岭村。

大庙峪王庆林果园

王庆林果园位于平谷区罗营镇大庙峪村，现有果园面积10亩，种植树种有桃、核桃、栗子、红果等。其中有大桃面积4亩，品种有大久保、艳红24号、绿化9号、晚9号等，核桃400多棵。

桃园采用德国德米特综合控制营养生长，促进开花坐果配套技术，增施发酵腐熟有机肥，保证了优质、高效、安全，大桃年亩效益达到万元以上。桃园正在有机认证转换期。

采摘时间：　8月中旬—9月下旬（桃）

　　9月上旬—10月上旬（核桃、栗子、红果）

联系人：　王庆林（大庙峪果蔬产销专业合作社社长）

联系电话：　13716618695

乘车路线：　从北京市东直门乘坐918路车到平谷区畅观楼站下车，转乘22路公交车到大庙峪村下车即到。或从北京市东直门乘坐918支路（关上）车到大庙峪村下车即到。

自驾车路线：　从北京市东行，走顺平路至官庄道口北行至大华山镇政府北行走平关路在25公里处即到。或从北京市东行，走京平高速路到平谷城区，再走平关路北行25公里即到。

金秋爽种植园

金秋爽种植园地处平谷区金海湖镇水峪村，现有山地枣园16亩，主栽品种有鸡心脆枣、马牙白、冬枣等，枣园正在有机认证转换期。

通过综合控制营养生长，促进开花坐果配套技术，保证了枣树连年稳产、优质、高效。生产的大枣在北京奥运果品评比活动中，获得二等奖、三等奖各1个。

采摘时间：　9月上旬—10月上旬

联系人：　贾福全

联系电话：　69994565　13520897775

乘车路线：　从北京市东直门乘坐918路车到平谷区汽车站下车，转乘29路公交车到韩庄村下车，南行1000米即到。

自驾车路线：　从北京市东行，走顺平路或京平高速路到平谷城区，再沿新平蓟路东行18公里即到。

金海湖郭华特色精品园

金海湖郭华特色精品园位于平谷区金海湖镇郭家屯村，共2.5亩，年收入6.9万元，桃树主栽品种有早凤王、久保、晚蜜、绿化9号。通过实施阳光工程、沃土工程、提质增效工程和采用果实套袋、修建营养库沟等优新技术，结合使用寿星佬、福娃文化模具，逐步摸索出了一套优质、安全且富含文化品位的大桃生产技术，大桃品质在平谷区乃至北京市均名列前茅。2007年，在北京市奥运果品评比桃项目组中，获得二等奖。目前，果园正按照国家绿色果品生产技术规程来严格管理大桃，保证做到不使用任何禁用农药、化肥、生长调节剂，让消费者真正吃到绿色、安全、营养高的优质精品文化大桃。

采摘时间：　7月中旬—10月上旬

联系人：　郭华

联系电话：　13436801876

乘车路线：　东直门长途汽车站乘坐918路公交车到平谷畅观楼，转乘29路直达金海湖镇郭家屯村下车。

自驾车路线：　从北京沿顺平路至平谷，一直向东，沿着平蓟路直达金海湖镇郭家屯村。

刘家店龚士文有机桃园

龚士文是平谷区刘家店镇刘家店村的科技骨干服务队队长，家有桃园5.5亩，主要品种为早露蟠桃、美国红蟠、瑞蟠3、瑞蟠4、碧霞蟠桃、晚九号等。2006年通过有机认证和奥运果品认证。在管理上主要采用增施发酵腐熟有机肥和饼肥、果实套袋、割草覆草、采前控水和病虫害联防联治等优新综合配套技术，生产的桃个大、色好、口甜，风味浓，获得平谷区大桃王称号，同时也赢得消费者的喜爱，年收入达6万元以上。

采摘时间：　6月中旬—10月初

联系人：　龚士文

联系电话：　13716922043　61972588

乘车路线：　东直门长途汽车站乘坐918路公交车到平谷官庄路口，转乘20路，至万庄子路口，向西直达刘店村。

自驾车路线：　从北京沿顺平路至平谷区大官庄村向北至刘店镇政府向西，直达刘店村；或沿京平高速到马坊出口下高速路，至刘店镇政府向西，直达刘店村。

刘家店松棚村张永胜精品果园

张永胜，平谷区刘家店镇松棚村村民，从事果树种植已有20多年经验，果园种植面积4亩，果园种植以种植大桃为主，品种为26号、9号、24号。

张永胜注重桃树萌芽、开花、坐果及果实发育这段时期的春季管理。夏季他利用铺设黑地膜技术及时地排解雨水过盛，避免给果品质量带来损伤，秋季他施复合有机肥增加土壤的营养。除此之外壤隔株间伐、倒拉枝技术等先进技术的应用使得张永胜种植的桃子色增鲜艳、肉质坚韧而且甘甜，深受大桃市场收购商们的喜欢。

采摘时间：　8月份—10月份

联系人：　张永胜

联系电话：　13581638254

乘车路线：　918京平高速→官庄路口→乘坐20路到刘家店镇政府→松棚村

918京平高速→官庄路口→乘坐19路→松棚村。

自驾车路线：　自京平高速路至马坊出口下高速路，向北至刘家店镇政府门口，向西拐直达松棚村果园。

刘家店北吉山村刘俊生精品梨园

刘俊生是刘家店镇北吉山村科技骨干服务队队长，现有红肖梨8亩。在区果品办的帮助下，他带头对梨树进行落头开心，使梨树通风透光，果品颜色更好。为了使果品口味更甜，对果树增施有机肥，雨季割草覆盖在树下，既可以保墒抗旱，又能做肥料，提高土壤的有机质。为了使果实个大，他根据技术专家的指导，及时给果树疏花、疏果，合理留果。

几年的实践和学习中，刘俊生在果树管理方面有了一定的经验，他家的水果在果品质量、果品甜度都有了很大的进步。这样的变化使很多的村民都信赖他，经常找他去帮忙指导剪枝、疏花疏果等，在他的带动下，北吉山村成为远近闻名的精品红肖梨生产专业村。

采摘时间：　9月底—10月初

联系人：　刘俊生

联系电话：　13522436757

乘车路线：　东直门长途汽车东站乘坐918路公交车→平谷官庄路口，转乘19路公交车，直达北吉山村。

自驾车路线：　从北京沿顺平路至官庄路口向北，直达北吉山村。

寅洞邢术贺标准化果园

邢术贺标准化果园地处平谷区刘家店镇寅洞村，面积6亩，主栽品种有早露蟠桃、14号、24号。生产的大桃个大、色艳、味甜、安全、营养高且富有文化韵味。在北京市奥运果品评比中，获得一等奖2个，二等奖3个，同时，也成为平谷区唯一一个中央警备局特供基地。

采摘时间：　6月下旬—9月底

联系人：　邢术贺

联系电话：　13910693925

乘车路线：　东直门长途汽车站乘坐918路公交车到平谷官庄路口，转乘20路，直达寅洞村。

自驾车路线：　从北京沿顺平路至平谷区大官庄村向北直达寅洞村；或沿京平高速到马坊出口下高速路，向北行直达寅洞村。

东辛撞标准化桃园

单维良是大华山镇东辛撞村的种桃能手，也是全村的果树科技骨干服务队队长。他生产的桃，深受广大消费者的喜爱。主栽品种有14号、24号、八月脆等，亩收入年年超万元。在果树管理上主要采用高光效树体结构调整、秋施发酵腐熟有机肥、果实套袋、覆膜节水栽培、倒拉枝等优新技术。生产的大桃优质、安全、产量高，效益好。

采摘时间：　7月中旬—9月底

联系人：　单维良

联系电话：　13716687021

乘车路线：　东直门长途汽车站乘坐918路公交车至平谷官庄路口，转乘20路公交车，至大峪子村向北，直达东辛撞村。

自驾车路线：　从北京沿顺平路至平谷区官庄路口向北，至大峪子村向北，直达东辛撞村。

苏子峪蜜枣有机果园

杨凤武，平谷区大华山镇苏子峪村的科技骨干服务队员，北京双盛益农农民合作社会员。主栽树种为苏子峪村独有的栽培品种苏子峪蜜枣。苏子峪蜜枣个大、味美、脆甜、色艳、耐贮运，深受广大消费者的喜爱。在管好自家枣树的同时，杨凤武积极组织村内科技骨干组建了科技服务队，为全村枣农进行服务。在区果协、区果办的技术指导下，统一实施挂糖醋罐、性诱剂、生草覆草栽培、增施腐熟有机肥料等优新综合配套技术，打造有机枣园生产亮点，实现全村亩效益2万元的目标。2006年通过有机食品产品认证。

采摘时间：　9月中下旬

联系人：　杨凤武

联系电话：　13716021958

乘车路线：　东直门乘坐918路车（京平高速线）到平谷区城管楼下车，转乘21路公交车直达苏子峪村有机枣园。

自驾车路线：　由北京市自京平高速至密三路出口下高速，密三路北行至大华山镇苏子峪村。

后北宫村岳长宝桃园

岳长宝桃园位于平谷区大华山镇后北宫村，现有桃园4.5亩，主栽品种有久保、绿化九和京艳。岳长宝在种好自己桃园的同时，不忘带领乡亲们致富。积极引进和推广优新品种，使该村的早玉、华玉白桃，艳丰一号， 28号油桃和瑞蟠13号、瑞蟠16号等品种成为全区重点发展的优新品种，每年都被经销商抢购。该村也成为平谷区精品桃生产的示范村。在参加北京市奥运果品评比中，获得一等奖2个，二等奖3个。

采摘时间：	7月底—9月底
联系人：	岳长宝
联系电话：	13241621158
乘车路线：	东直门长途汽车站乘坐918路公交车至平谷官庄路口，转乘20路公交车，至大峪子村向南，直达后北宫村。
自驾车路线：	从北京沿顺平路至平谷区官庄路口向北，至大峪子村向南，直达后北宫村。

张树香特色精品果园

张树香是平谷区大华山镇李家峪村科技骨干服务队队长。近年来在区果协、区果办大力支持下，他带头应用高光效树体结构技术，同时增施农家肥。2008年张树香承包的150棵红果产量达到11000斤，价格由每公斤0.8元，提高到2.2元。在他的示范带动下，果品质量提高了，大家增收了，红果树成了村民的摇钱树。

采摘时间：	9月下旬—10月上旬
联系人：	张树香
联系电话：	13716935393
乘车路线：	东直门长途汽车东站乘坐918路公交车至平谷官庄路口，转乘20路公交车，直达李家峪村。
自驾车路线：	从北京沿顺平路至官庄路口向北，直达大峪子村向北即达李家峪村。

北京天甲农林技术中心有机果园

北京天甲农林技术中心有机果园位于平谷区大华山镇挂甲峪村。张义海是天甲农林技术中心合作社的社长。同时也是平谷区大华山镇挂甲峪村的骨干服务队队长。合作社现有有机桃面积600亩，主栽品种有早久保、大久保、瑞蟠2、瑞蟠3、瑞蟠4、瑞光28、21世纪离核脆等。在大桃生产管理上，他根据本村有机桃园的特点，制定相应措施，收到了良好效果。在北京市奥运果品评比中，获得一等奖2个，二等奖2个，三等奖1个，成为平谷区奥运果品生产的特供基地，并于2008年、2009年连续两年获得“平谷区甜桃王”称号。

采摘时间： 7月—9月下旬

联系人： 张义海

联系电话： 13716755612

乘车路线： 东直门乘坐918到畅观楼下车转乘35路到挂甲峪村。

自驾车路线： 由市区自京平高速至密三出口行至官庄路口到大华山镇挂甲峪村。

大华山大峪子村刘新明果园

刘新明是平谷区大华山镇大峪子村的果树骨干服务队队长，有果园面积11亩，亩收入1.6万元，主栽品种有早露蟠桃、瑞蟠13、瑞蟠2、瑞蟠4、瑞蟠19、瑞光28和红富士苹果等。在果树管理上，主要应用区果协、区果办的综合配套技术，如高光效树体结构调整、秋施发酵腐熟有机肥、果实套袋、覆膜节水栽培、倒拉枝等优新技术。通过采用优新栽培技术，他生产的果品个大、色艳、味甜，深受广大消费者和商贩的青睐。

采摘时间： 6月中旬—9月底

联系人： 刘新明

联系电话： 13718386065

乘车路线： 东直门长途汽车东站乘坐918路公交车至平谷官庄路口，转乘20路公交车，直达大峪子村。

自驾车路线： 从北京沿顺平路至官庄路口向北，直达大峪子村。

大华山关庆生桃园

大华山镇大华山村果农关庆生是村里的种桃能手，也是全村的果树科技骨干服务队队长。关庆生桃园面积4亩，主栽品种有早露蟠桃、14号、24号。通过采用优新栽培技术，在2007年北京市奥运果品评比桃项目组中，以其独特的风味、口感、色泽深受评审组的认可，获得一等奖1个，二等奖2个的好成绩。在他的带动下，2008年，全村在区果协、果品办举办的第六届大桃王和第二届天桃王比赛中，共获得7项大奖。

采摘时间： 6月中旬—10月初

联系人： 关庆生

联系电话： 15910355481

乘车路线： 东直门长途汽车站乘坐918路公交车至平谷官庄路口，转乘20路公交车，直达大华山村。

自驾车路线： 从北京沿顺平路至平谷区官庄路口向北，直达大华山村。

包振远桃园

包振远果园位于平谷区山东庄镇山东庄村，有大桃8.7亩，主栽品种有久保、红不软、艳丰一号等优良品种，大桃成熟之时，颜色白里透红、口味极佳，深受消费者青睐。

采摘时间： 7月中旬—9月上旬

联系人： 包振远

联系电话： 13521922169

乘车路线： 从北京市东直门乘坐918路车到平谷区汽车站下车（918终点），转乘平25路公交车，到山东庄东口下车，北行150米，然后右转沿水泥路前行400米路东果园（果园边有间红砖房）。

自驾车路线： 从北京市东行，走京平高速到平谷城区然后上顺平路或直接走顺平路，至山东庄兵营路口，东行500米再南行300米即到。

大兴庄唐庄子村唐祥云果园

唐祥云果园面积130亩，位于平谷区大兴庄唐庄子村，崔杏路的两边，交通便利。唐祥云果园主栽桃树，品种有北京24号，绿化9号，瑞光28，早玉和中华寿桃等品种，已通过有机果品认证。该果园在管理上主要采用高光效树体结构改造，长枝修剪、倒拉枝、高培垄覆黑地膜秋施发酵腐熟有机肥、挂糖醋液、绑草把、悬挂杀虫灯、制作施用营养液等综合配套技术，果实含糖量平均在14度以上，深受消费者的欢迎。

采摘时间：8月—10月中旬

联系人：唐祥云

联系电话：13611285286

乘车路线：东直门长途汽车站918至大兴站庄下向北1公里唐庄子村东。

自驾车路线：京平高速崔杏路下向北4公里至唐庄子村东或顺平路到崔杏路向北4公里至唐庄子村东。

南河果园

南河果园地处平谷区王辛庄镇许家务村，由平谷区林果乡土专家田顺宝经营指导，面积16亩，主栽品种有瑞蟠2、瑞蟠3、瑞蟠4、瑞光28、早玉、21世纪离核脆等。在大桃生产管理上，他除了采用果实套袋、生草覆草和制作施用发酵腐熟有机肥等优新综合配套技术外，还采用了自创的双疏技术，生产的桃果个大、色好、口甜，荣获奥运果品一等奖3个、二等奖3个，并以其高质量，赢得了消费者的青睐。

采摘时间：7月—9月底

联系人：田顺宝

联系电话：13716440823

乘车路线：东直门长途汽车站乘坐918路公交车至平谷畅观楼，转乘6路，直达许家务村。

自驾车路线：从北京沿顺平路至平谷区畅观楼向北直达许家务村。

北辛庄陈志军标准化桃园

陈志军标准化桃园位于平谷区王辛庄镇北辛庄村，果园面积7亩。主栽品种有久保、14号、绿化九、八月脆等品种。陈志军作为村骨干服务队队长，在生产实践中，他积极采用高光效树体结构调整技术，使果园通风透光条件良好，病虫害低。此外，他还在果园内采用秋施发酵腐熟有机肥、田间覆草、喷施植物叶面营养液等新技术，使得生产大桃含糖量高，深受顾客青睐。

采摘时间： 7月底—9月底

联系人： 陈志军

联系电话： 13716423804

乘车路线： 东直门长途汽车站乘坐918路公交车至平谷畅观楼，转乘6路，直达北辛庄村。

自驾车路线： 从北京沿顺平路至平谷区畅观楼向北直达北辛庄村。

许家务村陈志军桃园

陈志军家桃园位于平谷区王辛庄镇许家务村，面积10亩，其中盛果期树3亩，主栽品种有大久保、绿化九、24号、离核脆等。作为许家务村的种桃能手，也是全村的果树科技骨干服务队队长。他生产的桃，深受广大消费者的喜爱。他带领全村果农发展芽变新品种离核脆，取得显著的经济效益，成为全村果农增收的新亮点。

采摘时间： 7月—9月底

联系人： 陈志军

联系电话： 13716618173

乘车路线： 东直门长途汽车站乘坐918路公交车至平谷畅观楼，转乘6路，直达许家务村。

自驾车路线： 从北京沿顺平路至平谷区畅观楼向北直达许家务村。

南独乐河望马台村闫学武精品果园

闫学武是南独乐河镇望马台村的科技骨干服务队队长兼村级测报员，是望马台村的种桃能手。闫学武果园10亩，主栽品种有大久保、14号、24号、绿化9，亩收入年年超万元。在果树管理上主要采用高光效树体结构调整、秋施发酵腐熟有机肥、果实套袋、覆膜节水栽培、倒拉枝等优新技术。他生产的大桃优质、安全、产量高，深受广大消费者的喜爱。

采摘时间：　7月20日—9月15日

联系人：　闫学武

联系电话：　15910229093

乘车路线：　东直门乘918路公交车至平谷总站，转乘平44路小公共汽车即可到达。

自驾车路线：　东直门、三元桥→机场高速路→京平高速→平谷区县城向东→甘营路口向北即达果园。

南独乐河北寨村崔凤全果园

崔凤全果园位于平谷区南独乐河镇北寨村，以经营发展北京市唯一性产品北寨红杏为主，另外还有骆驼黄等品种，果园面积共计15亩，杏树共计七百余棵。北寨红杏含糖量达12%～16.5%，并含有蛋白质、钙、磷、胡萝卜素、硫胺素、核黄素、尼克酸及维生素C，杏仁含苦杏仁甙、脂肪油、糖分、蛋白质、树脂、扁豆甙、杏仁油，酸甜可口、营养丰富，欢迎各界朋友到北寨来做客。

采摘时间：　6月中下旬

联系人：　崔凤全

联系电话：　13716845055

乘车路线：　东直门坐918路直达平谷新汽车总站，再转坐29路车直达北寨村下车即到。

自驾车路线：　自京平高速路至平谷区东高村出口，向北直达西烟路，向东拐即达果园。

南独乐河新立村戴金生有机果园

果园位于平谷区南独乐河镇新立村，现有有机桃树面积10亩，主栽品种有早久保、大久保、京艳、八月脆等。

戴金生担任新立村的村长、锁生顺发果品销售合作社的社长。在大桃生产管理上，他根据本村全园实行有机栽培的特点，制定相应措施，组织村内科技骨干组成科技服务队，为全村果农进行有偿技术服务。在区果协、果品办的技术指导下，统一实施高光效树体结构调整、挂糖醋液、制作施用发酵腐熟有机肥等优新综合配套技术，打造平谷区有机桃园生产的新亮点，实现全村亩效益1.2万元的目标。

通过以上措施，生产的大桃口甜、味美，深得广大消费者的喜爱，该村成为平谷区奥运果品生产的特供基地，果农们也切切实实地获得了实惠。

采摘时间：7月—9月下旬

联系人：戴金生

联系电话：13167308763

乘车路线：东直门乘坐918路车到平谷新汽车站下车，转乘29路公交车直达新立村有机桃生产示范园。

自驾车路线：自京平高速路至平谷区东高村出口，向北拐到达平谷城区，向东直达果园。

北京独乐河果蔬产销专业合作社果园

李晓明，是北京独乐河果蔬产销专业合作社长，现有果园面积240亩，种植树种有桃树150亩、李子30亩、核桃10亩、丰水、黄金梨30亩、苹果10亩、葡萄10亩。其中桃品种有瑞光5、早久保、大久保、京艳、艳丰一号、中华寿桃等。

该果园位于平谷区南独乐河镇北独乐河村，是集餐饮、住宿、采摘、休闲于一体的高效农业园区，交通便捷，环境优美。欢迎各界朋友来游玩采摘。

采摘时间：7月—10月中旬

联系人：李晓明

联系电话：13911068856

自驾车路线：东直门、三元桥→机场高速路→京平高速→平谷区县城向东→陈太务路口向北→张辛庄路口向东→南独乐河路口向北→北独乐河村东500米即达果园。

11 怀柔区

果树与旅游资源简介

怀柔区位于北京东北部，距市区50公里，距首都机场32公里，区域总面积2128平方公里，总人口35.8万人。怀柔是北京东北部发展带上的重点地区和生态发展涵养区，是北京国际交往中心的重要组成部分，享有“京郊明珠”、首都“后花园”的美誉。怀柔山清水秀、环境优雅，自然景观得天独厚，山区面积占88.7%，林木覆盖率达71%，居全市首位；水资源丰富，水质优良，年水资源总量8.5亿立方米，占北京水资源总量的1／5，地表水质达到国家饮用水二级标准，全区98%以上为北京市饮用水源保护区；大气质量始终保持国家一级标准。良好的植被，环保型的产业结构，使怀柔具有山青水碧、天新气爽的良好环境，成为最适合人类居住的地方，为大力发展旅游业创造了条件。

怀柔区果树产业发展以“干抓板栗、鲜抓观光”为主线，以市场为导向，以科技为依托，以富民为目的，培育板栗主导产业，大力发展观光果园，果品产业朝着产业化、标准化方向迈进。截止到2008年，怀柔区果树资源面积达到41.87万亩，其中，干果面积31.06万亩，鲜果面积10.81万亩，年果品总收入2.68 亿元。怀柔现有观光采摘园45万亩，年接待游客200万人次，观光采摘综合收入0.47亿元。全区从业果农户数达到4.8万户11.6万人，占全区农业人口的68%，果农户均果品收入5583元，人均果品收入2310元。果品产业在农民致富进程中发挥了巨大作用，初步呈现出主导产业突出、种植结构优化、果品特色鲜明、农民增收明显的良好势头。

近年来，怀柔充分发挥资源、环境及知名度等整体优势，在严格保护的前提下，科学、合理开发利用旅游资源，促进了旅游业的快速、健康发展。目前，全区已建成开放了以山水和人文景观为主的景区、景点26个，其中国家级AAAA级景区4个，AAA级景区4个，AA级景区6个；宾馆饭店及各类培训中心和度假村120家，其中星级宾馆50家；有乡村旅游村35个，乡村旅游户3200户，其中市级村23个，市级户1337户，2008年共接待中外游客1138.2万人次，实现旅游综合收入13.1亿元。并通过不断完善，已基本形成了以自然风光旅游为基础，以休闲度假游、乡村美食游为特色，以商务会展游、影视文化游、竞技赛事游为时尚，可满足不同层次游客，多元化的旅游产品格局。

“十一五”期间，怀柔将建设成为经济实力突出、生态环境良好、人民富足、社会和谐的首都生态涵养发展区、高新技术研发基地、影视文化创意制作基地、会展旅游休闲胜地、都市型工业聚集区和现代化宜居城市。

怀柔区林果乡土专家果园分布图

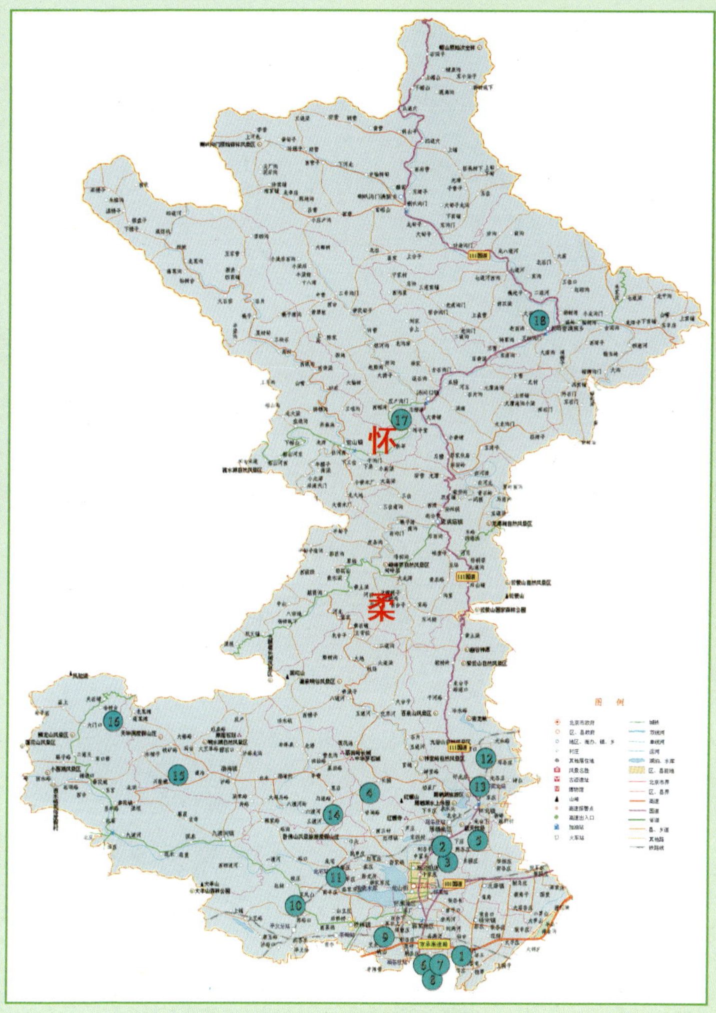

序号	姓名	所在区县、镇村	果园名称
1	穆振刚	怀柔区杨宋镇北年丰村	穆振刚果园
2	李占先	怀柔区雁栖镇下庄村东	北京思乡葡萄采摘园
3	穆玉海	怀柔区雁栖陈各庄	永柱果园
4	孙振奎	怀柔区雁栖镇柏崖厂村	贵良农家采摘园
5	温玉华	怀柔区雁栖镇下庄村	温玉华果园
6	刘宝德	怀柔区庙城镇赵各庄村	北京天宝有机果品园
7	蔡德林	怀柔区庙城镇赵各庄村	蔡德林果园
8	赵长林	怀柔区庙城镇赵各庄村	赵长林果园
9	郑利伟	怀柔区庙城镇郑重庄村	郑利伟果园
10	李德昌	怀柔区桥梓镇苏峪口村	李德昌枣园
11	蒋贵学 刘纪刚	怀柔区桥梓前辛庄	北京禧宝露种植基地
12	田玉同	怀柔区怀北镇邓各庄村	田玉同苹果园
13	贾桂清	怀柔区怀北镇西庄村	贾桂清果园
14	曹久利	怀柔区渤海镇三渡河村	北京久利有机樱桃采摘园
15	佟少超	怀柔区渤海镇兴隆城村	佟少超果园
16	焦启云	怀柔区九渡河镇杏树台村	杏树台村板栗采摘园
17	果兴林	怀柔区汤河口镇东帽湾村	东帽湾山水生态观光采摘园
18	彭玉明	怀柔区长哨营乡长哨营村	长哨营果品采摘园

穆振刚果园

果园位于怀柔区杨宋镇北年丰村，面积110亩，种植有桃、杏、李子等树种。桃主要有早美、京红8、4822、4215、2510、早红珠，李子有美国1号、布朗13、布朗14、离核、鸡心，杏有金太阳、北寨红杏、杏李。

采摘时间： 6月—8月中旬

联系人： 穆振刚

联系电话： 13701033557

自驾车路线： 京承高速顺义出口向南到赵各庄路口向东或京顺路到赵各庄路口向东，直行至西树行村口向南400米即到。

北京思乡葡萄采摘园

北京思乡葡萄采摘园位于怀柔区雁栖镇下庄村东，面积10亩，主栽葡萄早中晚熟品种9个，多数为无核早熟品种。无核品种有金星无核、8611、8612，有核品种有粉红亚都蜜、维多利亚、伊豆锦等。果园已采用有机栽培管理技术，果品质量逐年提高。园内还间种樱桃、桃、杏、枣等树种以供游客观光采摘。

采摘时间： 5月中旬—9月底

联系人： 李占先

联系电话： 13611062197　13366479016　61641879

乘车路线： 东直门乘936公共汽车到雁栖站下车往东500米村东即到。

自驾车路线： 东直门沿京承高速到怀柔走111国道（怀丰路）至八一路口（总装指挥技术学院路）右转500米即到。

永柱果园

永柱果园位于怀柔区雁栖镇下庄村西，面积25亩，主栽品种有早红珠、久保、晚蜜、晚子。为了提高果实的品质果园采用精细修剪、疏花疏果、套袋、施农家肥、割草覆盖等科学化管理技术。在这里可以给您带来无穷的品尝乐趣。

采摘时间： 6月中—10月初

联系人： 穆玉海

联系电话： 13241562749

乘车路线： 东直门乘936公共汽车到雁栖站下车往西500米左拐200米即到。

自驾车路线： 东直门沿京承高速到怀柔走111国道（怀丰路）至雁栖镇政府往西500米左拐200米即到。

贵良农家采摘园

贵良农家采摘园位于怀柔区雁栖镇柏崖厂村，地理条件优越，东南是雁栖湖畔，西是唐钢自然风景度假村，北是虹鳟鱼一条沟和神堂峪箭扣长城自然风景区。果园面积15亩，品种有富士、红星、金冠和小国光。在管理上主要采取秋季增施有机肥、果实套袋、夏季修剪、生物防治等综合措施，使果实色好、味浓、品质优。

采摘时间：　9月初—10月底

联系人：　孙振奎

联系电话：　13716316190

乘车路线：　东直门长途汽车站乘坐916路公交车到怀柔城区转外环车到于家园站下车再转乘坐916（怀柔－莲花池或怀柔－神堂峪）车到柏崖厂村口下车往东100米即到。

自驾车路线：　东直门到怀柔后沿范崎路行至柏崖厂村口往东100米即到。

温玉华果园

位于雁栖镇下庄村，面积20亩。栽植板栗品种有怀黄、怀九、燕红，年产板栗1500公斤，杏树有鲜杏和大扁。

采摘时间：　8月中—9月下

联系人：　温玉华

联系电话：　13716829624

乘车路线：　东直门乘坐936路公共汽车到下庄村下车往西200米。

自驾车路线：　京承高速怀柔出口或京顺路到达怀柔城区，再走怀丰路至雁栖镇政府往西200米 。

北京天宝有机果品园

北京天宝有机果品园位于庙城镇赵各庄村东，全园面积240亩，其中大桃面积180亩，设施农业60亩，主栽品种华玉、瑞光27、瑞蟠4号。该园始建于2002年春，2004年开始实施有机栽培技术，2007年获得中国质量认证中心的有机认证。该园年产桃20万公斤左右，果品近几年远销北京、上海、广州、昆明等地。 2006年在市果树协会、中国果品流通协会、中国园艺学会、奥运推荐果品评选委员会联合评选活动中获桃组第二名。2008年成为北京奥运会供应商品。

采摘时间：　7月初—9月

联系人：　刘宝德

联系电话：　13161461788

自驾车路线：　沿101国道到赵各庄路口向东即到。

蔡德林果园

果园位于庙城镇赵各庄村，占地面积30亩，种植有李子和桃两个树种3个品种。李子主要是黑宝石，桃主要有京红8、朵子。

采摘时间：　6月—8月

联系人：　蔡德林

联系电话：　13436868552　60694603

自驾车路线：　京承高速顺义出口向南到赵各庄路口向东或京顺路到赵各庄路口向东，赵各庄村东路北即到。

赵长林果园

果园位于庙城镇赵各庄村，面积50亩。其中桃30亩，品种有京红、24号、红岗山，年产桃40000公斤，李子20亩，品种有安哥诺、黑宝石、离核，年产李子30000公斤。

采摘时间：　7月—9月下旬

联系人：　赵长林

联系电话：　13716903220

乘车路线：　东直门乘坐916路公共汽车到赵各庄下车。

自驾车路线：　东直门沿101国道到龙王头村北右拐1公里即到。

郑利伟果园

郑利伟果园位于庙城镇郑重庄村。占地面积28亩，以种植梨树为主。品种有晚秋黄梨、晚黄金梨，年产10000公斤。从9月中旬—10月中旬均有果实供游人采摘。园区内的水果全部施用农家肥种植，生产的果品品质上等，口感极佳。您在这里不仅可以吃到不受任何污染的水果，更可享受到农家的情趣。

采摘时间：　9月中旬—10月中旬

联系人：　郑利伟

联系电话：　13311306263

乘车路线：　东直门乘坐916路公共汽车到怀柔地税后转西2路公共汽车至郑重庄村御福龙泉山庄路口向西100米，向南即到。

自驾车路线：　京承高速怀柔出口或京顺路到达怀柔城区石厂环岛向南3公里，到郑重庄村御福龙泉山庄路口向西100米，向南即到。

李德昌枣园

李德昌枣园位于怀柔区大枣之乡桥梓镇苏峪口村，占地面积50亩，园区温度、土壤、光照等气候适宜，为发展优质果品提供了得天独厚的自然条件。主栽品种以马牙枣为主，年产量10000公斤。果园主要采用优新的土肥水、花果管理技术，生产的大枣品质优良，口感甚佳。

一棵棵枣树依山而植，在这里不仅可以吃到无污染的水果，还可以尽情体验到采摘的乐趣，更可享受到农家的情趣，让您在休闲中尽情享受大自然的恩赐。

采摘时间：　8月底—9月中下

联系人：　李德昌

联系电话：　13699109028

乘车路线：　东直门乘坐916路公共汽车到怀柔会议中心下车转坐二道关（或水长城、黄花城）的车到苏峪口下车往西北走100米。

自驾车路线：　沿京承高速从北台路出口，顺怀九路到苏峪口村道北即到。

北京禧宝露种植基地

北京禧宝露种植基地位于桥梓镇前辛庄，占地面积430亩。树种主要有大枣、核桃、樱桃等。其中核桃 300亩，品种有中林3号、香玲、绿波、鲁光、辽河4号；大枣100亩，品种为马牙枣；樱桃30亩，品种有拉宾斯、佳红、红灯、美早。 果园采用有机管理技术。您在这里不仅可以吃到不受任何污染的水果，还可以尽情体验到采摘的乐趣，更可享受到农家的情趣。

采摘时间：　5月下旬—9月下旬

联系人：　刘纪纲　蒋贵学

联系电话：　13716305324　13716093886

乘车路线：　东直门乘坐916路公共汽车到怀柔会议中心下车转坐西环1路到前辛庄下车。

自驾车路线：　沿京承高速从北台路出口顺宽沟路到前辛庄村南桥头往西走1公里即到。

田玉同苹果园

果园位于怀北镇邓各庄村，面积10亩。栽植品种以红富士苹果为主，年产苹果12000公斤。

采摘时间：　9月中旬—10月底

联系人：　田玉同

联系电话：　13241366917

乘车路线：　东直门乘坐916路公共汽车到怀柔汽车总站转至坐916到邓各庄的汽车。

自驾车路线：　北京沿101国道到怀柔，顺怀丰路到西庄加油站向东1公里左转直行到邓各庄村南路东。

贾桂清果园

该果园位于怀北镇西庄村，面积30亩。种植有苹果和桃两个树种7个品种。苹果以富士为主，年产苹果10000公斤。桃主要有春雨三号、中华圣桃、瑞蟠4号、仙王桃、晚蜜等。园区内的水果全部施用农家肥种植，并全部采取套袋技术。

采摘时间：　6月中下旬—10月底

联系人：　贾桂清

联系电话：　13718205175

乘车路线：　东直门乘坐916路公共汽车到怀柔县城后转936路公共汽车至怀北镇政府路口向西200米即到。

自驾车路线：　京承高速怀柔出口或京顺路到达怀柔城区，在走怀丰路至怀北镇政府路口向西200米即到。

北京久利有机樱桃采摘园

北京久利有机樱桃采摘园位于怀柔区渤海镇三渡河村，占地三十亩，主要品种有红灯、大紫、那翁、早大果、抉择、美早，1990年开始种植樱桃树，是北京怀柔地区最早的一家樱桃种植基地，并且是北京怀柔地区最早的一家有机樱桃采摘园。依靠得天独厚的慕田峪景区旅游沿线的特殊地理位置发展观光采摘。

北京久利有机樱桃采摘园于2005年6月申请樱桃有机产品认证，已通过北京五洲恒通认证公司认证审核，已颁发有中国有机产品证书。该园果品在2009北京樱桃擂台赛中荣获三等奖。现在人们对食品健康需求越来越高，有机食品被大众所认可，北京久利有机樱桃采摘园一定要让来此采摘的每位客人带走一份健康、一份快乐。

采摘时间：　5月下旬—6月下旬

联系人：　曹久利

联系电话：　13716392286　13693657872

乘车路线：　东直门长途汽车站乘坐916路公交车→怀柔富乐北大街下车→对面换乘936路（怀柔→洞台或者怀柔→沙峪）→关渡河西口下车向前步行200米。

自驾车路线：　1. 京顺路→怀柔→青春路环岛向西10公里（慕田峪方向）→久利有机樱桃采摘园；

2. 京承高速→北台路出口（宽沟直行）→关渡河路口左转200米→久利有机樱桃采摘园。

佟少超果园

果园位于渤海镇兴隆城村，面积22亩，其中板栗20亩，核桃2亩。板栗品种有燕红、燕丰、燕昌，年产板栗2500公斤。果园土肥水管理、药剂防治等全部采用有机管理技术。

采摘时间：　9月

联系人：　佟少超

联系电话：　13716790115

乘车路线：　东直门乘坐916路公共汽车到怀柔汽车总站转至去兴隆城的班车。

自驾车路线：　京城高速怀柔口出来顺怀黄路到南冶村大桥左拐直行道兴隆城村西即可。

杏树台村板栗采摘园

杏树台村板栗采摘园位于九渡河镇杏树台村，交通便利，景色宜人。果园占地面积40亩，以种植板栗为主。品种有怀黄、怀九、燕红，园区内的水果全部施用农家肥种植，并全部采取套袋技术，年产板栗4000公斤，品质上等。从9月20日－10月10日均有果实供游人采摘。欢迎来享受田园乐趣，体验到完全不同于都市的感觉。

采摘时间：　9月20日—10月10日

联系人：　焦启云

联系电话：　13716475557

乘车路线：　东直门乘坐916路公共汽车到怀柔地税后转961路公共汽车至杏树台村。

自驾车路线：　京承高速北台路出口桥梓方向直行至杏树台村。

东帽湾山水生态观光采摘园

该采摘园位于怀柔区汤河口镇东帽湾村，面积100亩，主要品种有雪花梨、圆黄梨，还有大枣和杏。该园树型基本成形，并已进入初果期。果园在管理上采用了果实套袋、整形修剪、疏花疏果、病虫害防治等综合防治措施。通过科学管理和优越的地理环境果实个大、味浓，品质佳。

采摘时间：　6月中下旬—9月底

联系人：　果兴林

联系电话：　89672536

乘车路线：　东直门长途汽车站乘坐916路公交车到怀柔城区转外环车到于家园站下车再转乘916（怀柔→汤河口）到汤河口总站下车，转916（汤河口→山寺）车到东帽湾桥头下车往南300米即到。

自驾车路线：　京城高速怀柔口出来后顺111国道开往汤河口，到汤河口后向西开往宝山寺方向2公里处向南就可到东帽湾，东帽湾桥头往南300米即到。

长哨营果品采摘园

该采摘园位于怀柔区长哨营乡长哨营村，占地面积100亩，该园始建于2008年春。主栽品种有当地的乡土树种红肖梨及黄金梨、秋黄梨、红香酥、中华玉梨等品种，还有部分小国光、脆枣和富士等树种。主要采取增施有机肥、精细修剪、病虫害防治等综合措施提高果实品质，现在已开始陆续结果。

采摘时间：　7月初—9月

联系人：　彭玉明

联系电话：　13716132972

乘车路线：　东直门长途汽车站乘坐916路公交车到怀柔城区转外环车到于家园站下车再转乘916（怀柔→汤河口）到汤河口总站，再转乘916路汽车（ 汤河口→喇叭沟门或汤河口→大地或汤河口→七道梁）到长哨营站下车村东300米道北。

自驾车路线：　怀柔沿111国道行至长哨营村东300米道北即到。

12 密云县 果树与旅游资源简介

密云县现有果树面积45万亩，从业农户7.5万户。2008年果品产量8465万公斤。其中干果以板栗、核桃、仁用杏为主，面积为30万亩，2008年干果产量1945万公斤；鲜果以苹果、梨、李为主，面积为15万亩，2008年鲜果产量6520万公斤。

主要树种有苹果、梨、红果、桃、李、杏、樱桃、板栗、核桃、柿、枣和葡萄12个。细腻脆嫩、汁多皮薄的黄土坎鸭梨，皮薄、肉厚、汁多的玉皇李子，皮薄饱满的坟庄核桃，皮亮光泽，入口松脆香甜的燕山板栗等传统名品得到恢复发展，并且引种了国内外名品如果肉细脆，香甜可口的红富士苹果，肉质细腻多汁，香甜可口的红香酥梨等，这些名优果品各具特色，构成了密云县果品的独特魅力。

近年来，为进一步提高果品的产量和品质，改善密云县生态环境，为市场提供优质安全的果品，县委、县政府加大了无公害果品、绿色果品、有机果品生产扶持力度，安全果品基地建设得到了迅速发展，在经济、环保、生态效益方面都明显得到提高。密云县制定了板栗、苹果、梨、李子等果树的地方技术标准和生产体系，建设果树标准化生产基地86个，78670亩；有机果品基地31个，56550亩。同时密云县果业生产与休闲产业相结合,先后建立以苹果、梨、葡萄、李子等鲜果为主的休闲、观光采摘园51个，总面积达到2.3万亩。重点建设了庄头峪红香酥梨园、百杏园，不老屯365日梨园，新城子红富士苹果园，石峨李子园等。采摘期从5月份一直延续至10月份。

密云县旅游环境得天独厚，旅游资源丰富，项目众多。被誉为“北京山水大观，首都郊野公园”。密云水库宛若一块碧玉镶嵌在燕山群峰环抱之中，水面面积188平方公里，蓄水量43.75亿立方米，约占全县面积的十分之一，如此辽阔的水面在华北地区首屈一指。目前，密云县森林覆盖率达57%，可称是净水、净气、净土的绿色公园。全县具有开发价值的旅游资源达100多处，已开发、开放景区25处，有怪石林立，植被茂密，瀑布众多，被誉为“北国黄山”的云蒙山；冰川巨砾、水秀石红，华北地区唯一的国家狩猎场云岫谷景区；司以其“惊、险、奇”和独特造型被长城专家罗哲文教授称为“中国长城之最” 的马台长城；山峰耸立，瀑布高悬，循溪探胜，潭石嵌涧；清凉谷景区四季山泉喷涌的黑龙潭。

欢迎您到密云来！

密云县林果乡土专家果园分布图

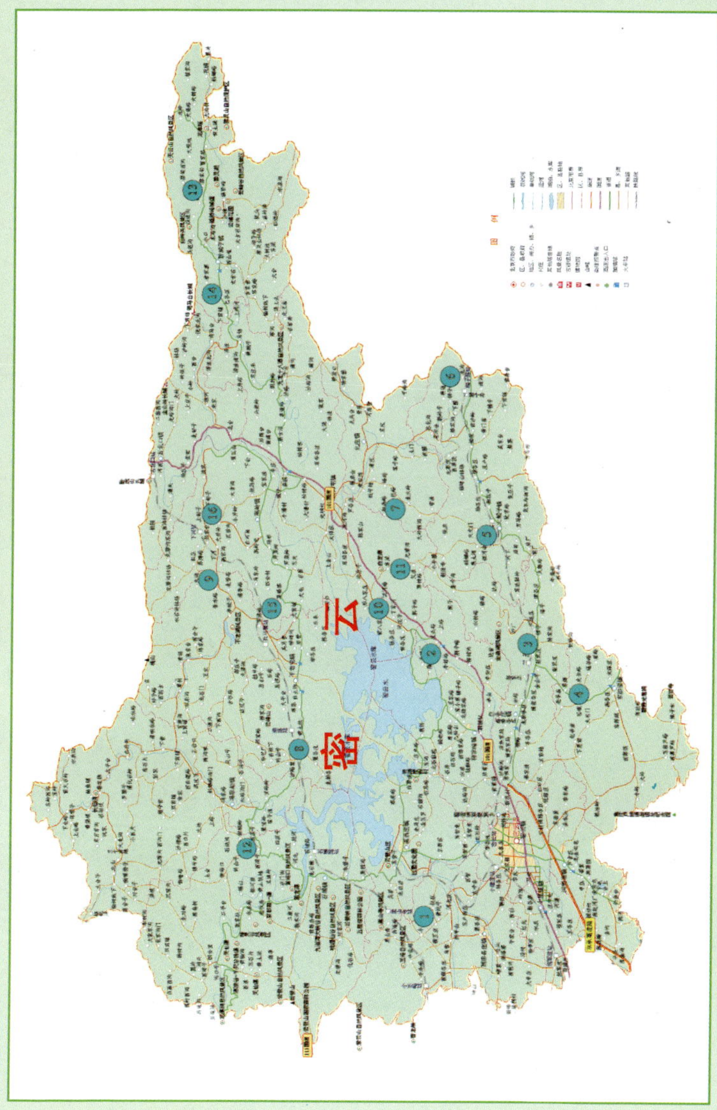

序号	姓名	所在区县、镇村	果园名称
1	胡文建	密云县西田各庄镇坟庄村	坟庄村核桃园
2	赵长满	密云县穆家峪庄头峪	庄头峪村有机梨园
3	史桂全	密云县巨各庄镇塘子	塘子村有机板栗园
4	徐永军	密云县东邵渠镇石峨村	石峨李子园
5	石凤岭	密云县大城子大龙门	大龙门村有机板栗园
6	马瑞志	密云县大城子镇北沟村	马瑞志果园
7	祝阵生	密云县北庄镇抗峪	抗峪村有机板栗园
8	曹宏民	密云县不老屯黄土坎	黄土坎有机梨园
9	王德祥	密云县不老屯香水峪	香水峪有机板栗园
10	王桂华	密云县太师屯镇流峪村	流河峪核桃园
11	宋英龙	密云县太师屯龙潭沟	龙潭沟核桃园
12	李长明	密云县石城镇西湾子村	西湾子板栗
13	史庆增	密云县新城子蔡家甸	蔡家甸村有机苹果园
14	魏宝仁	密云县新城子巴各庄	巴各庄村有机苹果园
15	李显华	密云县高岭镇栗榛寨	栗榛寨有机板栗示范园
16	王显平	密云县高岭镇上甸子	上甸子板栗园

坟庄村核桃园

核桃园位于密云县西田各庄镇坟庄村，面积1200亩，主栽品种为辽核系列和中林系列，其中老树、幼树700亩、结果树500亩。基地按照无公害生产技术进行管理。

采摘时间：9月上旬

联系人：胡文建

联系电话：13716333760

乘车路线：东直门乘坐980路车到密云车站下车，转乘密云→西田各庄公交车转坟庄村。

自驾车路线：走101国道至密云→卸甲山→坟庄。

庄头峪村有机梨园

庄头峪有机梨园位于密云县穆家峪镇庄头峪村。梨园面积700亩，主栽品种为红香酥梨。

通过观光采摘园建设，使庄头峪红香酥梨观光采摘园初具规模，获得市级十佳观光果园，是北京市定点观光采摘果园。梨园先后通过了国家无公害食品认证和有机果品认证，并成立了“北京庄头峪潮河果业合作社”，注册了“潮河果业”梨商标。欢迎到庄头峪品尝有机水果，欣赏田园风光。

采摘时间： 9月中下旬

联系人： 赵长满

联系电话： 13366427086

乘车路线： 东直门乘坐980路车到密云车站下车，转乘密云→太师屯公交车直达庄头峪村有机梨园。

自驾车路线： 走101国道至密云县穆家峪镇庄头峪。

塘子村有机板栗园

塘子村有机板栗园位于密云县巨各庄镇塘子村，全村板栗面积1000亩，主要品种为燕红、燕昌、燕丰。

本园生产的板栗仁黄肉糯、质优味甜。

采摘时间： 9月下旬

联系人： 史桂全

联系电话： 61033732

乘车路线： 东直门乘坐980路车到密云车站下车，转乘密云→巨各庄→塘子有机板栗园。

自驾车路线： 走101国道至密云→密兴线巨各庄镇塘子。

石峨李子园

李子园位于东邵渠镇石峨村，面积6000亩。品种有玉皇、晚红等20余种，其中玉皇李子3000亩，产量150万公斤。

示范园区以乡土专家为骨干，以有机化栽培为基础，在生产上严格按照有机李子生产要求进行管理和操作。通过以上措施，玉皇李子皮薄、肉厚、汁多、味甜且清香可口。

采摘时间： 7月上旬—8月中旬

联系人：　　徐永军　王保有

联系电话：　13241396008　13366466061

乘车路线：　东直门乘坐980路车到密云车站下车，转乘密云→东邵渠公交车直达石峨村李子生产示范园。

自驾车路线：　走101国道至密云→密谷路东邵渠石峨村。

大龙门村有机板栗园

大龙门村有机板栗园位于密云县大城子镇大龙门村，板栗面积1000亩。主要品种为燕红、燕昌、燕丰。

通过狠抓板栗科技培训，应用新品种、新技术、新资料和新方法，生产的板栗具有易长期保存、涩皮易剥离、仁黄肉糯、质优味甜、成品粒数均匀等特点，赢得了消费者的青睐。果园现已经获得南京国环认证公司OFDC有机证书。

采摘时间：　9月下旬

联系人：　石凤岭

联系电话：　13716096054

乘车路线：　东直门乘坐980路车到密云车站下车，转乘密云→大城子→大龙门有机板栗园。

自驾车路线：　走101国道至密云→密兴线大城子→大龙门。

马瑞志果园

大城子镇北沟村马瑞志果园占地面积50亩。主栽树种为富士苹果和红香酥梨，成熟期在9月下旬和10月下旬，年果品产量为20万公斤。

园区按照有机栽培要求进行管理。地下施用有机肥，同时结合雨季进行压绿肥。病虫害防治主要采用挂黑光灯、诱芯、糖醋罐和果实套袋技术。目前正在申请有机认证。

辛勤的劳动、过硬的技术也给老马带来了每年30万收入。致富老马不忘带动乡亲们，正在筹备成立农民专业合作社。最近老马被评为“科技之星”、“农民致富带头人”。

采摘时间：　9月15日—10月15日

联系人：　马瑞志

联系电话：　61072898

乘车路线：　密兴线16路公交车总站下车即到。

自驾车路线：　走101国道至密云→密兴线大城子镇北沟。

抗峪村有机板栗园

抗峪村有机板栗园位于密云县北庄镇抗峪村，面积1000亩。主要品种为燕红、燕昌、燕丰。

大力推广有机栽培技术，生产的板栗质优味美，打响了幽谷板栗品牌。板栗园现已经获得南京国环认证公司OFDC有机证书。

采摘时间： 9月下旬

联系人： 祝阵生

联系电话： 13641296142

乘车路线： 东直门乘坐980路车到密云车站下车，转乘密云→北庄→抗峪有机板栗园。

自驾车路线： 走101国道至密云太师屯→北庄→抗峪。

黄土坎有机梨园

黄土坎有机梨园位于不老屯镇黄土坎村，现有果园面积300亩，主栽品种为鸭梨。地理位置优越，交通便利，沙通铁路和密云县环湖公路穿过该镇，物产丰富，风景优美，背依云峰山，南瞰密云水库，烟涛浩淼，是观光旅游的佳境。果树生产中采取果实套袋等无公害生产技术，注册“不老牌”系列农副产品商标证。2003年黄土坎鸭梨基地获得北京市农业标准化生产基地称号，2005年通过中绿华夏有机食品发展中心认证，进入有机转换期。

采摘时间： 9月中下旬

联系人： 曹宏民

联系电话： 13436854043

乘车路线： 东直门乘坐980路车到密云车站下车，转乘密云→不老屯公交车转黄土坎村有机梨园。

自驾车路线： 走101国道至密云太师屯松树峪→环湖公路至黄土坎。

香水峪有机板栗园

香水峪有机板栗园位于密云水库北岸不老屯镇。全村共有285户，810口人，现有板栗面积6700亩，有结果树3.5万株，幼树24万株。

近几年推广有机栽培技术，现已经获得南京国环认证公司OFDC有机证书。1997年村里成立了北京市香水峪农产品销售中心，注册了“燕香”牌板栗，产品销往日本、韩国及西欧一些国家。

采摘时间：　9月下旬

联系人：　王德祥

联系电话：　13264417893

乘车路线：　东直门乘坐980路车到密云车站下车，转乘密云→半城子→香水峪村公交车。

自驾车路线：　走101国道至密云太师屯松树峪→环湖公路至柳树沟→半城子→香水峪村。

流河峪核桃园

流河峪核桃园位于密云县太师屯镇101国道西侧，紧邻白龙潭风景区，核桃面积500亩。成立了核桃专业合作社，王桂华任合作社社长，加强了核桃生产管理重点。

2007年聘请林果所核桃专家郝艳宾研究员为技术指导，对实生核桃进行高接换，嫩枝嫁接薄壳香、香铃核桃50亩，2000株，核桃嫁接成活率和保存率都在90%以上。2008年大部分嫁接核桃已进入结果期。果园所产核桃香味淳厚，营养丰富，欢迎品尝！

采摘时间：　9月上旬

联系人：　王桂华

联系电话：　13911291689

乘车路线：　东直门乘坐980路车到密云车站下车，转乘密云→太师屯公交车直达流河峪村标准化核桃园。

自驾车路线：　走101国道至密云县太师屯镇白龙潭流河峪村核桃园。

龙潭沟核桃园

龙潭沟核桃园位于密云县太师屯镇101国道西侧，紧邻白龙潭风景区，全村核桃面积300亩。

2006年成立了核桃专业合作社，对核桃园进行了标准化生产，通过高接改良了品种，目前主要为薄皮品种。

采摘时间： 9月上旬

联系人： 宋英龙

联系电话： 13717849054

乘车路线： 东直门乘坐980路车到密云车站下车，转乘密云→太师屯公交车直达龙潭沟村标准化核桃园。

自驾车路线： 走101国道至密云县太师屯镇白龙潭龙潭沟村核桃园。

西湾子板栗

西湾子板栗生产基地位于石城镇密云水库上游西湾子村，板栗总面积3000亩，20万株。其中结果树10万棵，幼树10万棵，水浇面积1500亩，10万棵（幼树）。基地品种有燕红，燕昌，燕丰等。年产板栗10万公斤，并注册商标为“白河川”牌。现已经获得南京国环认证公司OFDC有机证书。

采摘时间： 9月下旬

联系人： 李长明　刘海珍

联系电话： 13241552009　13241390996

乘车路线： 东直门乘坐980路车到密云车站下车，转乘密云→冯家峪公交车直达西湾子村有机板栗园。

自驾车路线： 走101国道至密云→密关路→环湖公路到西湾子村。

蔡家甸村有机苹果园

该示范园是北京市林果乡土专家史庆增与中国农大教授李天忠共建的苹果有机栽培、节水栽培示范园。

该园位于云岫谷和雾灵山景区之间新城子镇蔡家甸村，环境优美，交通便利。果园主要品种为红富士，种植面积1000亩，其中500亩进入盛果期。

由乡土专家史庆增牵头成立的技术服务队对合作社的254户果农苹果园进行统一技术指导，负责有机苹果基地建设。该园生产的苹果已经获得有机果品生产证书，成为奥运推荐果品。

采摘时间：　10月中下旬

联系人：　史庆增

联系电话：　13241351225

乘车路线：　东直门乘坐980路车到密云车站下车，转乘密云→大角峪公交车直达蔡家甸村有机苹果园。

自驾车路线：　走101国道至密云太师屯松树峪→走松曹路至蔡家甸村有机苹果园。

巴各庄村有机苹果园

巴各庄有机苹果园位于密云县东北部新城子镇巴各庄，苹果面积1289亩，7.4万株，80%品种为富士。

园区以有机化栽培为基础，在生产上，充分利用以乡土专家为技术骨干的巴各庄有机苹果合作社负责有机苹果基地建设。通过加强技术措施，示范园生产的苹果口感好，甜度高，个大，色艳，效益高，赢得了消费者的青睐。

采摘时间：　10月中下旬

联系人：　魏宝仁

联系电话：　13241393501

乘车路线：　东直门乘坐980路车到密云车站下车，转乘密云→新城子公交车直达巴各庄村有机苹果园。

自驾车路线：　走101国道至密云太师屯松树峪→走松曹路至巴各庄村有机苹果园。

栗榛寨有机板栗示范园

栗榛寨有机板栗园位于密云水库北岸高岭镇栗榛寨村，环湖公路北侧，土层深厚，自然条件适宜。果园面积3000亩，主要品种为燕红、燕昌、燕丰。

栗榛寨有机板栗园采用有机栽培技术，施有机肥改良土壤，采用物理、生物等方法进行病虫害防治，如在园区内安装杀虫灯，挂捕食螨、赤眼蜂、性诱剂和糖醋液等。现已经获得南京国环认证公司OFDC有机证书。

通过有机栽培生产的板栗具有易长期保存、涩皮易剥离、仁黄肉糯、质优味甜、成品粒数均匀等特点，赢得了消费者的青睐。

采摘时间：　9月下旬

联系人：　李显华

联系电话：　13241698300

乘车路线：　东直门乘坐980路车到密云车站下车，转乘密云→不老屯公交车直达栗榛寨村有机板栗园。

自驾车路线：　走101国道至密云太师屯松树峪→环湖公路高岭镇栗榛寨果园。

上甸子板栗园

上甸子板栗园位于北京市密云县北部高岭镇上甸村，板栗面积3000亩，主要品种为燕红、燕昌、燕丰，2007年，年产板栗30万公斤。

板栗园已经获得南京国环认证公司OFDC有机证书。通过有机栽培技术生产的板栗具有仁黄肉糯、质优味甜、成品粒数均匀等特点，赢得了消费者的好评。

采摘时间：　9月下旬

联系人：　王显平

联系电话：　69030427

乘车路线：　东直门乘坐980路车到密云车站下车，转乘密云→上甸子公交车直达上甸子村有机板栗园。

自驾车路线：　走101国道至密云太师屯松树峪→环湖公路高岭镇→上甸子村。

18 延庆县
果树与旅游资源简介

延庆县位于首都西北部，距市区74公里，面积2000平方公里，东南北三面环山，西面临水。盛夏清凉，秋高气爽，光照充足，昼夜温差大，具有发展果业得天独厚的自然和地理优势。

延庆县果品产业截至2007年全县果树总面积达到24万亩，年果品总产量5000万公斤，总产值1.4亿元，从业果农7万人，占农业人口的35%，果品产业已成为农村经济的重要支柱产业。形成五大果品基地：优质葡萄基地、苹果基地、仁用杏基地、板栗基地、区域特色的香果、槟子、海棠（系列）等小苹果系列基地 。

延庆县果品多次在全国获奖，其中国光苹果在85年获农牧渔业部颁发的“全国优质果品金奖”。红地球、里扎马特和黑奥林三个葡萄品种98年荣获全国金牌。金星无核葡萄获中国优质葡萄擂台赛金奖。京亚葡萄获中国优质葡萄擂台赛优质奖。2007年我县“国光苹果”荣获中国国际林业产业博览会金奖。鲜食杏、京亚、金星无核葡萄、里扎马特葡萄、澳李3号、国光、富士苹果等17个果品荣获北京奥运推荐果品评选活动的多种奖项及奥运推荐果品。2009年在第十五届全国葡萄学术研讨会上，延庆县选送的美人指、无核白鸡心、京香玉三个品种葡萄从159个候选样品中脱颖而出，分别获得全国鲜食葡萄两项金奖和一项银奖。

面对新形势，延庆实施品牌战略，发展特色和唯一优质国光苹果。依托三个金字招牌：一是“中国优质果品基地重点县”称号，二是国光苹果获得国家农产品“地理标志证书”，三是延庆国光苹果荣获 “中华名果”称号，以资源为基础，以市场为导向，以科技为依托，以提高国际竞争力促进出口为核心，以提高农民收入为目的，在抓面积、抓规模的同时，抓质量、抓效益，推进延庆国光特色苹果产业健康快速发展。

延庆县的旅游资源十分丰富，目前共有12个国家、市、县级自然保护区，对外开放的旅游景区景点30余处，A级以上景区16家，其中5A级景区1家——八达岭长城，4A级景区1家——龙庆峡，3A级景区有八达岭野生动物园、水关长城、千家店百里山水画廊等，2A级景区有松山自然保护区、古崖居、残长城等。全县旅游星级饭店21家，其中四星级1家，三星级6家，还拥有各类度假村、宾馆饭店75家，民俗旅游村47个，乡村旅游户1400余户，可满足不同层次、不同类型的旅游需要。

欢迎各界朋友来延庆做客！

延庆县林果乡土专家果园分布图

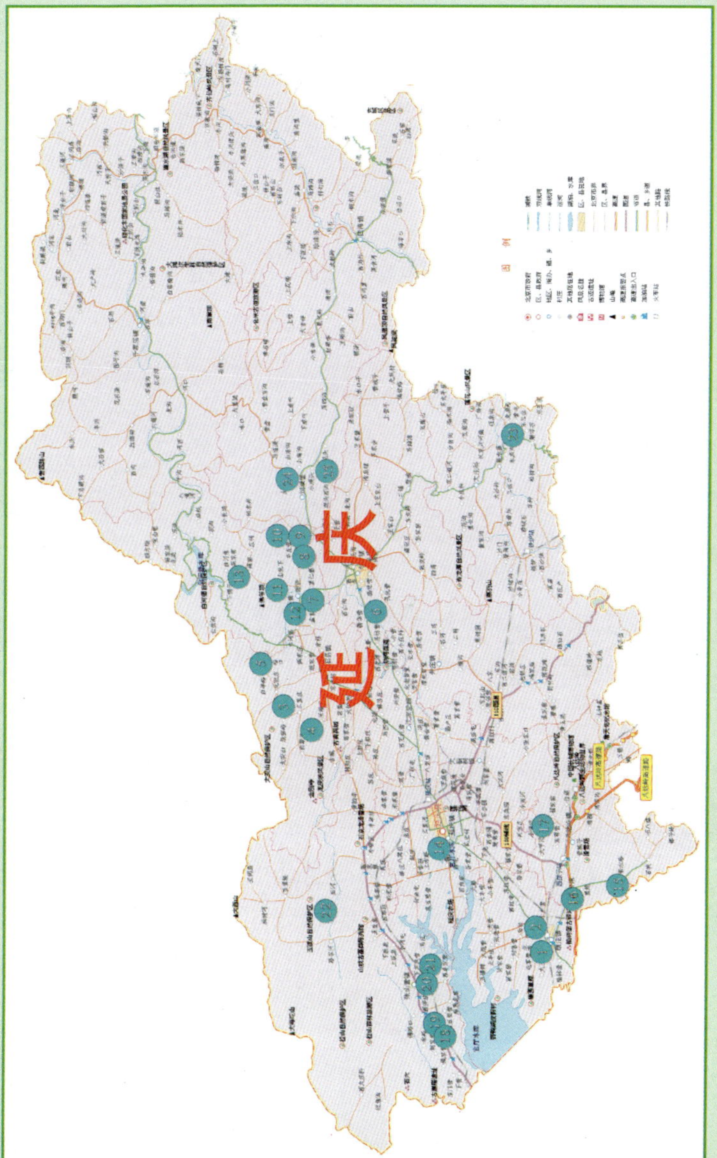

序号	姓名	所在区县、镇村	果园名称
1	郝金玉	延庆县康庄镇一街	康庄一街葡萄园
2	张建军	延庆县康庄镇二街	康庄二街葡萄园
3	陈连合	延庆县旧县镇三里庄村	三里庄杏示范园
4	吴久昌	延庆县旧县镇米粮屯村	阳光果园
5	张陆兴	延庆县旧县镇白羊峪村	白羊峪果园
6	时桂生	延庆县永宁镇新华营村	永宁新华营李子园
7	吕月存	延庆县香营乡香营村	香营村葡萄园
8	周顺海	延庆县香营乡新庄堡村	新庄堡杏园示范园
9	李成顺	延庆县香营乡新庄堡村	新庄堡李成顺杏园
10	周宝忠	延庆县香营乡新庄堡村	新庄堡周宝忠杏园
11	赵　旺	延庆县香营乡山底下村	香营乡山底下村苹果园
12	国敬焕	延庆县香营乡香营村	香营村葡萄园
13	张永生	延庆县香营乡屈家窑村	屈家窑村苹果园
14	王春兰	延庆县延庆镇唐家堡村	唐家堡村枣树园
15	董　山	延庆县八达岭镇帮水峪村	帮水峪果园
16	张　永	延庆县八达岭镇里炮果村	里炮村红苹果观光采摘园
17	杨金慧	延庆县八达岭镇小浮坨村	小浮坨杏示范园
18	蒋进秀	延庆县张山营镇前庙村	前庙蒋进秀葡萄园
19	李春旺	延庆县张山营镇前庙村	前庙春旺果园
20	张兆亮	延庆县张山营镇张山营村	张山营村苹果园
21	任金良	延庆县张山营镇下芦凤村	松湖果园
22	吴金民	延庆县张山营镇玉佛水库	玉佛观光果园
23	王绍明	延庆县大庄科乡香屯村	香屯村果园
24	韩文利	延庆县刘斌堡乡刘斌堡村	刘斌堡枣园
25	张翼鹏	延庆县刘斌堡乡观西沟村	刘斌堡观头西沟村枣园

康庄一街葡萄园

该园位于延庆县康庄镇一街村，面积100亩，现有红地球、巨峰葡萄、玫瑰香葡萄。

采摘时间：　8月初—10月中旬

联系人：　郝金玉

联系电话：　13691015529　61162823

乘车路线：　乘919路公交车从德胜门出发，经八达岭高速公路到康庄高速出口，直行1500米、右转弯150米即到一街采摘观光园。

自驾车路线：　自驾车可经八达岭高速公路至康庄高速出口，直行1500米右转弯150米即到一街采摘观光园。

康庄二街葡萄园

康庄二街葡萄园是我国知名葡萄专家晁无疾与北京市林果乡土专家张建军共建的葡萄观光采摘示范园。面积120亩，栽植品种有京亚、金星无核葡萄、玫瑰香、无核白鸡心。

2000年，张建军等六户果农，响应政府号召，发扬愚公移山的精神，经过辛勤劳动，把一片遍地石块的河滩地变成了百亩良田。张建军积极肯干，虚心好学，在北京农学院教授晁无疾的培养下，已成为北京市葡萄乡土专家。先进的管理技术使果园获得了多项荣誉。2004年该园选送的金星无核葡萄获中国优质葡萄擂台赛金奖、京亚葡萄获中国优质葡萄擂台赛优质奖。2007年8月北京奥运推荐果品评选活动中，该园选送的金星无核葡萄、京亚葡萄荣获二等奖，同时获得奥运推荐果品奖。

采摘时间：　8月初—10月中旬

联系人：　张建军

联系电话：　13701360328　61161750

乘车路线：　乘919路公交车从德胜门出发，经八达岭高速公路仅需1.5小时即可到达康庄镇。

自驾车路线：　自驾车可经八达岭高速公路至康庄高速出口，直行1500米右转弯150米即到。

三里庄杏示范园

三里庄杏园是我国知名杏树专家王玉柱与北京市林果乡土专家陈连合共建的鲜杏观光采摘示范园。

三里庄杏园由于品种多样，且面积大，花期从3月下旬可一直持续到4月下旬。花期在此游玩，满山遍野的杏花红白相间，一眼望不到边，赏心悦目。鲜食杏每年从6月份开始成熟，至8月上旬结束，采摘期长达2月之多，已成为首都市民首选杏采摘基地之一。2006年、2007年北京奥运推荐果品评选活动中，三里庄村的多个鲜食杏获奥运推荐果品奖。

采摘时间：　6月中旬—7月下旬

联系人：　陈连合

联系电话：　13671060082

乘车路线：　北京德胜门乘坐919路长途汽车，到延庆县城下车，在县城乘坐920路经龙庆峡到旧县镇三里庄村即到。

自驾车路线：　八达岭高速到延庆→龙庆峡东4公里即到。

阳光果园

阳光果园位于延庆县旧县镇米粮屯村，面积100亩，栽培品种有富士苹果、五九香梨、爱宕梨、圆黄梨。

为了能让广大的消费者品尝到更优质的果品，采取有机栽培管理技术，进行高光效树形改造，人工疏花，人工授粉确保合理的负载量等多种栽培技术措施；在植保方面采取刮树皮、涂石硫合剂，使用优质有机肥、果园种植驱避植物、挂糖醋液、频振式杀虫灯、秋季树干绑缚诱虫带等技术来综合防治有害生物，果园实施农艺节水技术措施，使果品质量得到了充分的保障。

采摘时间：　9月上旬—11月上旬

联系人：　吴久昌

联系电话：　13381119461

乘车路线：　乘919路公交车从德胜门出发，经八达岭高速公路到延庆车站，转乘920路公交车到旧县镇米粮屯村采摘园即到。

自驾车路线：　自驾车可经八达岭高速公路至延庆高速出口前行，沿龙庆峡旅游路前行到米粮屯村采摘园即到。

白羊峪果园

白羊峪果园位于延庆县旧县镇白羊峪村，是一个观光、采摘、订单多种经营方式的山地果园。主要发展方向是绿色有机生态观光采摘园。现有树种以国光为主，面积280亩，另有富士苹果80亩，杏树10亩。果园计划明年扩大种植面积，增加果树设施栽培，增加果园树种品种的多样性，让游客一年四季来到果园都能满载而归。

采摘时间：　10月初—11月中旬

联系人：　张陆兴

联系电话：　13466633342

乘车路线：　乘919路公交车从德胜门出发，经八达岭高速公路到延庆车站，转乘920路公交车到香营乡白羊峪村即到。

自驾车路线：　自驾车可经八达岭高速公路至延庆高速出口，沿110国道前行经香龙路东行10公里至白羊峪村口。

永宁新华营李子园

李子园位于延庆县永宁镇镇新华营村，面积120亩，现有奥李3号、西梅李、安哥诺李等多个优良品种。

为了能让广大的消费者品尝到更优质的果品，果园采取有机栽培管理，使用优质有机肥、果园种植驱避植物、挂糖醋液、频振式杀虫灯、秋季树干绑缚诱虫带等技术来综合防治有害生物，使果品质量得到了充分的保障。2006年奥李3号获奥运果品推荐奖，现在果园正在进行有机转化期，2009年获得有机认证。

采摘时间：　8月下旬—9月中旬

联系人：　时桂生

联系电话：　13716999334　60179612

乘车路线：　乘919路公交车从德胜门出发，经八达岭高速公路到延庆车站，转乘920路公交车到永宁镇新华营村即到。

自驾车路线：　自驾车可经八达岭高速公路至延庆京张路口东行，沿延、琉路前行到新华营村即到。

香营村葡萄园

葡萄园位于延庆县香营乡香营村，面积400亩，现有红地球、巨峰葡萄、里扎马特、美人指葡萄。

采摘时间： 8月初—10月中旬

联系人： 吕月存

联系电话： 13241588842

乘车路线： 乘919路公交车从德胜门出发，经八达岭高速公路到延庆车站，转乘920路公交车到香营乡香营村即到。

自驾车路线： 自驾车可经八达岭高速公路至延庆京张路口直行，沿龙庆峡旅游线路前行到香营乡香营村即到。

新庄堡杏园示范园

延庆县香营乡新庄堡村是华北地区最大的杏树基地，始建于1987年，面积达6000亩，品种有130多个。在6月初，果实便进入成熟期，有早熟的骆驼黄、红荷包、早甜核等；到了6月下旬，有成熟的偏头杏、杨纪元杏、山黄杏等；一直持续8月中旬，有晚熟的串枝红、苹果白、尖嘴红等。

采摘时间： 6月上旬—8月中旬

联系人： 周顺海

联系电话： 13716332598

乘车路线： 乘919路公交车从德胜门出发，经八达岭高速公路仅需1小时即到延庆县城，从县城转乘920路公交车到香营乡即到。

自驾车路线： 自驾车可经八达岭高速公路至延庆县城经龙庆峡旅游线路，直行10公里即到。

新庄堡李成顺杏园

李成顺杏园地处延庆县香营乡新庄堡村，果园面积25亩。每当春季来临，您可以欣赏到花海的壮丽景象。微风拂过，花瓣雨飘飘洒洒弥漫山间，阵阵花香，仿佛置身于瑶池仙境一般。在6月初，果实便进入成熟期，有早熟的骆驼黄、红荷包、早甜核等；到了6月下旬，有成熟的偏头杏、杨纪元杏、山黄杏等；一直持续到8月中旬，有晚熟的串枝红、苹果白、尖嘴红等。

采摘时间： 6月上旬—8月中旬

联系人：　李成顺

联系电话：　13436923875

乘车路线：　乘919路公交车从德胜门出发，经八达岭高速公路仅需1小时即到延庆县城，从县城转乘920路公交车到香营乡新庄堡村即到。

自驾车路线：　自驾车可经八达岭高速公路至延庆县城经龙庆峡旅游线路，直行10公里即到新庄堡村。

新庄堡周宝忠杏园

周宝忠杏园地处延庆县香营乡新庄堡村，果园面积15亩。每当春季来临，您可以欣赏到花海的壮丽景象。微风拂过，花瓣雨飘飘洒洒弥漫山间，阵阵花香，仿佛置身于瑶池仙境一般。在6月初，果实便进入成熟期，有早熟的骆驼黄、红荷包、早甜核等；到了6月下旬，有成熟的偏头杏、杨纪元杏、山黄杏等；一直持续到8月中旬，有晚熟的串枝红、苹果白、尖嘴红等。

采摘时间：　6月上旬—8月中旬

联系人：　周宝忠

联系电话：　13716016492

乘车路线：　乘919路公交车从德胜门出发，经八达岭高速公路仅需1小时即到延庆县城，从县城转乘920路公交车到香营乡新庄堡村即到。

自驾车路线：　自驾车可经八达岭高速公路至延庆县城经龙庆峡旅游线路，直行10公里即到新庄堡村。

香营乡山底下村苹果园

果园位于延庆县香营乡山底下村，距延庆县城20公里。果园面积100亩，现有苹果70亩，品种有富士、国光、葵花、胜利；杏树30亩，品种有骆驼黄、红3号、青蜜沙等。

为了能让广大的消费者品尝到更优质的果品，我们采取有机栽培管理，大树进行高光效树形改造、果实套袋、树盘铺反光膜、采用农艺节水措施、果园种植驱避植物、挂糖醋液、频振式杀虫灯、树干绑缚诱虫带等技术来综合防治有害生物，使果品质量得到了充分的保障。

采摘时间： 6月上中旬—7月底（杏）
9月上中旬—11月上旬（苹果）

联系人： 赵旺

联系电话： 13716249138

乘车路线： 乘919路公交车从德胜门出发，经八达岭高速公路到延庆车站，转乘920路公交车到香营村西2公里即到山底下村苹果采摘园。

自驾车路线： 自驾车可经八达岭高速公路至延庆高速出口，沿110国道前行经古龙路至白河堡管理处往东300米即到山底下村口。

香营村葡萄园

香营乡香营村位于延庆县城东北部20公里，距龙庆峡旅游区7公里，北邻白河堡水库。合作社于2004年6月成立，种植果树面积共计1100亩，其中葡萄460亩，品种有红地球、巨峰、里扎马特、美人指，另有仁用杏300亩、鲜食杏40亩、国光苹果、富士苹果、核桃300多亩。

为了提高果品质量，果园以有机栽培为宗旨、发挥科技优势、自制腐熟有机肥、自制营养液，向市民展示优质果品和舒适的观光采摘园。

采摘时间： 8月初—10月下旬

联系人： 国敬焕

联系电话： 13681117577

乘车路线： 乘919路公交车从德胜门出发，经八达岭高速公路到延庆南菜园车站，转乘920路公交车到香营乡香营村即到。

自驾车路线： 自驾车可经八达岭高速公路至延庆京张路口直行，沿龙庆峡旅游线路前行到香营乡香营村即到。

屈家窑村苹果园

果园位于延庆县香营乡屈家窑村，距延庆县城15公里，果园面积350亩，其中苹果300亩，有早熟品种沙沙、嘎啦，晚熟品种富士、国光；另有李子、海棠50亩，品种有澳李14号、白海棠。

该果园位于山前缓坡带，海拔高，光照充足，昼夜温差大，空气新鲜，且土质肥沃，具备生产优

质有机果品的自然条件。果园国光可达到全红果。

采摘时间： 8月下旬—11月上旬

联系人： 张永生

联系电话： 13521764958

乘车路线： 乘919路公交车从德胜门出发，经八达岭高速公路到延庆车站，转乘920路公交车到香营乡屈家窑村。

自驾车路线： 自驾车可经八达岭高速公路至延庆高速出口，沿110国道前行经香龙路东行10公里至屈家窑村口。

唐家堡村枣树园

唐家堡村位于延庆县城东北侧，110国道大秦铁路北，距县城3公里。现有耕地面积860亩。枣树种植面积达400多亩。

在街道两旁种植枣树使唐家堡村环境发展方面已经成为当之无愧的市级“生态村”。为打造生态枣树基地，形成生产、生态、生活的良性循环。

采摘时间： 9月中旬—10月上旬

联系人： 王春兰

联系电话： 13716315913

乘车路线： 乘919路公交车从德胜门出发，经八达岭高速公路到延庆南菜园车站，转乘920路公交车到米家堡村下车即到。

自驾车路线： 自驾车可经八达岭高速公路至延庆高速出口，沿110国道北行至919路总站北2公里即到。

帮水峪果园

果园位于延庆县八达岭镇帮水峪村，该村的槟子在一百多年前就闻名京、津、包各地。槟果芳香沁人心脾，曾为宫廷享用，早在20世纪60—70年代北京四道口水果市场就一直销售该地区的槟子、沙果、香果、八楞海棠等小苹果类果品。

2006年延庆以帮水峪村为主建设小苹果类果品基地，目前已有各种海棠、槟子、国光苹果、香果等750亩。果品质量好，口味佳，迎来了八方宾客，取得了可观的经济效益。

采摘时间： 9月上旬—10月上旬

联系人： 董山

联系电话：　13520287756

乘车路线：　乘919路公交车从德胜门出发，经八达岭高速公路至延庆南菜园总站，转乘延庆—石峡关920路公交车到八达岭镇帮水峪村采摘园即到。

自驾车路线：　自驾车可经八达岭高速公路至八达岭高速出口西行2公里到八达岭镇外炮村，南行4公里至八达岭镇帮水峪村采摘园即到。

里炮村红苹果观光采摘园

采摘园位于延庆县八达岭镇里炮村，面积1000亩，品种有富士、国光等。为了能让广大的消费者品尝到更优质的果品，果园采取有机栽培管理，使果品质量得到了充分的保障。2002年获得绿色产品A级证书，并注册了“里炮”牌商标，2003年成为北京市标准化苹果生产示范基地。2007年里炮村的富士苹果获奥运推荐果品奖。现正在进行有机转化期。

采摘时间：　9月上旬—11月上旬

联系人：　张永、张宽

联系电话：　13716196275　61161033

乘车路线：　乘919路公交车从德胜门出发，经八达岭高速公路至延庆南菜园总站，转乘延庆→石峡关920路公交车到八达岭镇里炮红苹果度假村采摘园即到。

自驾车路线：　经八达岭高速公路至西拨子高速出口前行3公里，到外炮村往南行0.5公里即到里炮红苹果度假村。

小浮坨杏示范园

杏园位于延庆县八达岭镇小浮坨村，面积100亩，现有骆驼黄、银杏、偏头、红金针、葫芦杏等多个鲜实品种，还有仁用杏。

采摘时间：　6月中旬—7月底

联系人：　杨金慧

联系电话：　13716751909

乘车路线：　乘919路公交车从德胜门出发，经八达岭高速公路到延庆大浮坨村下车前行1公里即到。

自驾车路线：　自驾车可经八达岭高速公路至延庆营城子高速收费站出来前行2.5公里即到。

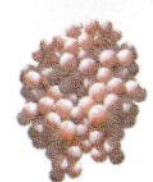

前庙蒋进秀葡萄园

前庙蒋进秀葡萄园位于延庆县张山营镇前庙村，面积1000亩，栽培品种有美人指、红地球、黑奥林、里扎马特葡萄。

葡萄园2006年通过了美国有机农业改良协会（OCIA）和中国国家环保总局（OFDC）认证，860亩葡萄取得了有机食品转换证书，进入正式有机生产期。红地球、里扎马特和黑奥林三个葡萄品种1998年荣获全国金牌。2008年在新疆吐鲁番召开的全国果品流通协会葡萄分会成立大会上，果园生产的"红地球"葡萄荣获"中华名果"称号。

采摘时间：　8月中旬—10月中旬

联系人：　蒋进秀

联系电话：　13716372583　69111543

乘车路线：　乘919路公交车从德胜门出发，经八达岭高速公路到延庆车站，转乘920路公交车到张山营镇前黑龙庙村即到。

自驾车路线：　自驾车可经八达岭高速公路至延庆高速出口，沿110国道前行到张山营镇前黑龙庙村即到。

前庙春旺果园

前庙有机葡萄生产基地位于延庆县城西10公里张山营镇前黑龙庙村，种植面积1000余亩，种植品种10余种，主要为红提葡萄和美人指葡萄，该基地所生产的葡萄通过有机食品的认证。1998年在全国第五次葡萄学术研讨会上，该基地所生产的红地球、里扎马特、黑奥林三个品种的葡萄荣获金奖。2008年在奥运果品推荐会上，黑奥林葡萄被评为二等奖，同年9月，在新疆召开的全国果品流通研讨会上，该基地发绕葡萄被评为"中华名果"。2009年8月在敦煌召开的全国第十五次葡萄学术研讨会上，里扎马特和无核白鸡心葡萄又荣获金奖。

春旺果园是前庙基地的一个组成部分，由于该地地理位置得天独厚，海拔高，昼夜温差大，生产出的水果含糖量高，口感好，营养价值丰富。现有葡萄园10亩，苹果园5亩，大枣2亩，葡萄的主要产品为红地球（红提），年产10吨左右，苹果的主要品种为红富士，年产10余吨。该果园是北京夏都果业专业合作社的一个成员户，合作社备有200立方米的水果保鲜库，储存水果的种类有富士苹果和红提葡萄可存到春节前。

采摘时间：　9月初—10月中旬

联系人：　李春旺

联系电话：　13621061050　13439593263

乘车路线：　乘919路公交车到延庆，转乘920路到张山营镇前黑龙庙村下车即到。

自驾车路线：　八达岭高速到康庄出口处，一直向北过官厅大桥3公里到110国道前行300米左转上110新线，过一公路桥和铁路桥右转即到。

张山营村苹果园

苹果园位于延庆县张山营镇张山营村，面积2000亩，现有富士苹果、国光苹果、海棠。

为了能让广大的消费者品尝到更优质的果品，果园采取有机栽培管理，大树进行高光效树形改造、果实套袋、树盘铺反光膜、采用农艺节水措施、果园种植驱避植物、挂糖醋液、频振式杀虫灯、树干绑缚诱虫带等技术来综合防治有害生物，使果品质量得到了充分的保障。加入张山营果树种植合作社。

该村生产的国光苹果在85年获农牧渔业部颁发的“全国优质果品金奖”。 2007年荣获中国国际林业产业博览会金奖。

采摘时间：　10月上旬—11月上旬

联系人：　张兆亮、张兆金

电话：　13436818071　69111267

乘车路线：　乘919路公交车从德胜门出发，经八达岭高速公路到延庆车站，转乘920路公交车到张山营镇张山营村苹果采摘园即到。

自驾车路线：　自驾车可经八达岭高速公路至延庆高速出口，沿110国道前行到张山营镇张山营村苹果采摘园即到。

松湖果园

该果园位于张山营镇南部、地处官厅水库北岸下芦凤村，占地面积200亩，水、电、路等基础设施完善。园区以红富士苹果和红地球葡萄为主栽品种，年产优质绿色果品20万斤。该园区生产的果品，不仅色泽艳丽，而且含糖量高，风味佳，且耐贮运。多年来，凭借松山自然保护区和千古之谜古崖居及风景独特的野山峡等旅游景点的优势，成为延庆县定点观光采摘果园之一。

采摘时间：　9月上旬—11月上旬

联系人：　任金良

联系电话：　13161435718

乘车路线：　乘919路公交车从德胜门出发，经八达岭高速公路到延庆车站，

转乘920路公交车到张山营镇下芦凤村即到。

自驾车路线： 自驾车可经八达岭高速公路至延庆高速出口，沿110国道前行到张山营镇下芦凤村即到。

玉佛观光果园

玉佛果园位于延庆县城西北部，松山自然保护区的入口处，自然环境优美，西、北、东三面被青山环抱，北与国家级原始森林松山公园接壤，南望官厅水库。

果园占地面积200亩，产量50万斤，背风向阳，光照充足。生产的红富士苹果不仅色泽艳丽，而且肉质清脆，酸甜可口，在延庆县举办的各届展评会上多次名列首位。为了能让广大的消费者品尝到更优质的果品，果园采取有机栽培管理，大树进行高光效树形改造、果实套袋、树盘铺反光膜、农艺节水措施、果园种植驱避植物、挂糖醋液、频振式杀虫灯、树干绑缚诱虫带等技术来综合防治有害生物，使果品质量得到了充分的保障。

采摘时间： 9月上旬—11月上旬

联系人： 吴金民

联系电话： 13671121881

乘车路线： 乘919路公交车从德胜门出发，经八达岭高速公路到延庆车站，转乘920路公交车到张山营镇玉佛水库即到。

自驾车路线： 自驾车可经八达岭高速公路至延庆高速出口，沿110国道前行到张山营镇玉佛水库即到。

香屯村果园

香屯村果园位于延庆县大庄科乡香屯村，面积40亩，主栽树种为板栗。果园通过增施有机肥，进行高光效树形改造，人工疏雄、花期放蜂、喷硼等技术提高板栗坐果率。2007年被全国果品流通协会评选为中国优质板栗基地。

采摘时间： 9月上旬—10月上旬

联系人： 王绍明

联系电话： 15910499185

乘车路线： 乘919路公交车从德胜门出发，经八达岭高速公路到延庆车站，转乘920路公交车到大庄科乡香屯村即到。

自驾车路线： 自驾车沿延昌赤路到延庆县大庄科乡香屯村。

刘斌堡枣园

刘斌堡村位于延庆县城东部，距县城25公里，隶属于刘斌堡乡。枣树种植面积达2000多亩。品种有悠悠枣、壶瓶枣、梨枣、郎家园枣、枣脆王等。2007年成立了枣树管护技术服务队，韩文利为队长，在延庆果品服务中心技术指导下，枣树基地迅速发展，成为京郊观光采摘、休闲旅游一胜景。

采摘时间： 9月中旬—10月上旬

联系人： 韩文利

联系电话： 13716090711

乘车路线： 乘919路公交车从德胜门出发，经八达岭高速公路到延庆南菜园车站，转乘925路公交车至刘斌堡村即到。

自驾车路线： 自驾车可经八达岭高速公路至延庆高速出口，沿延硫路东行至刘斌堡村即到。

刘斌堡观头西沟村枣园

观头西沟村位于延庆县城东部，距县城25公里，隶属于刘斌堡乡。枣树种植面积达600多亩。品种有悠悠枣、壶瓶枣、梨枣等。

为打造延庆观头西沟村生态枣树基地，形成生产、生态、生活良性循环，2007年成立了枣树管护技术服务队，张翼鹏为队长，在延庆果品服务中心技术指导下，通过施用有机肥提高肥力，采用无公害法防治病虫害技术，枣园所产大枣品质优良、口感纯正、欢迎采摘品尝。

采摘时间： 9月中旬—10月上旬

联系人： 张翼鹏

联系电话： 13522381743

乘车路线： 乘919路公交车从德胜门出发，经八达岭高速公路到延庆南菜园车站，转乘925路公交车至小观头村下车，右转步行1.5公里即到。

自驾车路线： 自驾车可经八达岭高速公路至延庆高速出口，沿延硫路东行至小观头村右转1.5公里即到。

果品采摘月历

月份	树种	产地
12月—翌年3月	草莓	昌平、房山
4月下旬	设施桃	平谷、顺义、房山
	设施葡萄	延庆
5月上旬	设施桃	平谷、顺义、丰台、房山
	设施樱桃	通州、丰台、顺义
	设施葡萄	延庆、大兴
5月中旬	樱桃	海淀、通州、顺义、昌平、丰台
	设施桃	平谷、顺义、丰台、房山
	设施杏	顺义、房山
5月下旬	樱桃	海淀、通州、顺义、昌平、丰台
	设施桃	平谷、顺义、丰台、房山
6月上中旬	樱桃	海淀、通州、顺义、昌平、丰台、朝阳、房山
	杏	海淀、顺义、延庆、昌平、房山
	设施桃	平谷、顺义、丰台、房山
6月下旬	樱桃	海淀、通州、顺义、昌平、丰台、门头沟
	杏	平谷、海淀、顺义、延庆、昌平、门头沟
	桃	平谷、昌平、海淀
7月上旬	杏	延庆、昌平、门头沟
	葡萄	延庆、大兴、房山
	桃	平谷、海淀、顺义、丰台、房山
7月中旬	葡萄	延庆、大兴、通州、房山
	桃	平谷、海淀、昌平、顺义、丰台、房山
	苹果	昌平、顺义
	梨	大兴、房山、顺义
7月下旬	桃	平谷、海淀、通州、顺义、大兴、怀柔
	葡萄	房山、大兴、通州、延庆
	苹果	昌平、顺义
	梨	大兴、房山、顺义

续 表

月份	树种	产地
8月上中旬	桃	平谷、海淀、通州、顺义、大兴、怀柔
	葡萄	房山、大兴、通州、延庆
	苹果	昌平、顺义、怀柔
	梨	大兴、房山、顺义、通州、密云
8月下旬	桃	平谷、海淀、通州、顺义、大兴、怀柔
	葡萄	大兴、通州、顺义
	苹果	昌平、顺义、延庆、密云、怀柔
	梨	大兴、顺义、通州、房山
	枣	平谷、昌平、怀柔、丰台
9月上中旬	桃	平谷、海淀、通州、顺义
	梨	大兴、顺义、通州、房山、门头沟、密云
	葡萄	大兴、通州、顺义
	苹果	昌平、顺义、密云、延庆、门头沟
	枣	平谷、海淀、昌平、怀柔、延庆
9月下旬	葡萄	大兴、通州、顺义
	枣	平谷、海淀、昌平、怀柔、丰台、朝阳、延庆
	苹果	昌平、顺义、延庆、门头沟
	梨	大兴、顺义、通州、房山、门头沟、密云
	桃	平谷、通州、顺义
	板栗	密云、怀柔、平谷、延庆
	核桃	房山、平谷、门头沟、怀柔、密云
10月上旬	苹果	昌平、顺义、延庆、门头沟
	葡萄	延庆
	枣	海淀
10月中下旬	柿子	房山、昌平、平谷
	苹果	昌平、顺义、延庆、门头沟
11月	延迟葡萄	延庆